生肖

方军◎编著

中国华侨出版社

·北京·

图书在版编目 (CIP) 数据

一生三用 / 方军编著 . —北京：中国华侨出版社，2006.11（2024.7 重印）

ISBN 978-7-80222-199-4

Ⅰ.①一… Ⅱ.①方… Ⅲ.①人生哲学–通俗读物 Ⅳ.B821-49

中国版本图书馆 CIP 数据核字（2006）第 123257 号

一生三用

编　　著：方　军
责任编辑：唐崇杰
封面设计：周　飞
经　　销：新华书店
开　　本：710 mm × 1000 mm　1/16 开　　印张：12　　字数：136 千字
印　　刷：三河市富华印刷包装有限公司
版　　次：2006 年 11 月第 1 版
印　　次：2024 年 7 月第 2 次印刷
书　　号：ISBN 978-7-80222-199-4
定　　价：49.80 元

中国华侨出版社　北京市朝阳区西坝河东里 77 号楼底商 5 号　邮编：100028
发行部：(010) 64443051　　　传　真：(010) 64439708
网　址：www.oveaschin.com　　E-mail：oveaschin@sina.com

如果发现印装质量问题，影响阅读，请与印刷厂联系调换。

前 言
Preface

何谓"三用"？即用心、用智、用力。

所谓用心，也就是讲一个人不能总期望天上掉馅饼，如果你想有十分的收获，就必须付出十分的努力才行。不能看到有人花10元的代价中了500万大奖，而放弃正常的工作，守株待兔般的梦想一觉醒来成为百万富翁。我们应该思考这样一个问题：一个人工作、生活中需要做的大多数事情都比较简单，至少在自己的能力范围之内，但为什么能够把普通的事情做得很出色的人寥寥无几呢？原因无他，不用心而已。要想使自己的人生有所收获，尤其需要在学习、工作、处世这三个方面付出十分的努力。只要用心，就没有什么做不好。

所谓用智，也就是讲一个人不能活得太机械、死板。困难需要用智慧去解决，人生的精彩需要用智慧去描绘，要学会以策略性的方式寻求最佳的生存状态。在人生的旅途中每一次选择都是改变方向的一个岔路口，信马由缰的生存方式是把自己的未来交给了所谓命运，其结果注定走进死胡同。

所谓用力，就是说一个人可以有性格刚柔之分，但做人不能永远是一碗温暾水,要拿出一点胆气和刚性,活出自己的个性。很多人把圆滑处世作为立足社会的法则,这样的人一味只求自保,缺了胆气、骨气。实际上,一个人要想活得顶天立地,活出自己的风采,是不能少了做人的"力度"的。

总之,"三用"是一种主动的生活态度,是对大多数人随波逐流、碌碌无为之现状的反正。人生策划的首要问题就是自己要向哪个方向走,即要达到一个什么样的人生目标。正确而到位的策划需要非同一般的智慧,既要洞悉世事,又要把握自己。用心也好,用智、用力也罢,都是要学会以智慧的力量策划自己,这是人生成功需要迈出的第一步。

人们总想拥有更多,却忽略了利用已有的东西。虽然每个人其心、其智、其力的内涵与形成各不相同,但只要能够做到用心、用智、用力,就能为自己开拓出一片生活的沃土。平凡的人会因这一个"用"字而变得卓越,洞悉"用"的玄机,谁都可以成为生活的智者。

"三用"是对世事沧桑的感悟,是应对职场竞争的智慧,是破解生存危局的高招。不能总是期望有什么捷径可寻,人生的路上常常布满荆棘和陷阱,但你以"三用"为武器,便能无往而不赢。

目 录
Contents

~ 上篇 ~

用 心

十分的付出才能期望十分的收获

有什么事情是不用心就可以做好的吗？其实，一个人工作、生活中需要做的大多数事情都比较简单，至少在自己的能力范围之内，但为什么能够把这些事情做得很出色的人寥寥无几呢？原因无他，不用心而已。要想使自己的人生有十分的收获，尤其需要在学习、工作、处世这三个方面付出十分的努力。只要用心，就没有什么事情做不好。

第一章　用心学习：把学习当作人生中的大事来抓 //002

  一年的学习等于十年的奋斗 //002

  学习什么时候开始都不晚 //005

用心学习就要做到亲身体验 //008

增强你的学习消化功能 //011

学习以信息为钥匙打开机会之门 //017

只要用心，就能从简单中学到复杂 //020

第二章　用心工作：把工作作为提升生存境界的突破口 //025

以追求完美的心态完成工作 //025

再平凡的工作也不能小看 //028

工作中要有主动尽责的精神 //031

多做一点就能在竞争中胜出 //034

主动且出色地去完成工作 //038

永远不要满足于你的工作表现 //041

第三章　用心交际：正确的为人处世之道才能结出好人缘 //044

树立诚实守信的社交形象 //044

培养彬彬有礼的儒雅之气 //048

尝试站在对方的立场考虑问题 //050

掌握好朋友间的距离 //052

做人低调才能走好入世路 //055

不做无原则的忍让 //058

中篇

用 智

以策略性的方式生存

生存也要讲策略。在人生的旅途中每一次选择都是改变方向的一个岔路口。信马由缰的生存方式是把自己的未来交给了所谓命运,其结果注定是走进死胡同。要学会运用智慧的力量,以策略性的方式,为自己寻求最佳的生存状态。

第四章 运用智慧的力量策划好自己 //062

时刻清楚自己要干什么 //062

选择并调整自己的生活 //067

在正视现状的前提下策划自己 //071

做出适合自己的选择 //075

学会适应环境 //080

寻找适宜发展的环境 //083

第五章 做事情要找到成事的最佳通道 //089

找对方法做对事 //089

换个思路更容易成功 //092

反向思维往往让你反败为胜 //095

做个另辟蹊径的高手 //099

从不可能中找机会 //102

办事要顺应客观规律 //105

第六章　在生存竞争中掌握好攻与守的节奏 //108

越是高手越要学会适时而露 //108

竞争出招要动静结合 //111

虚实中的进退招法 //114

避免犯同样的错误才是最坚实的自保盾牌 //116

缝补好自己的每一处破绽 //119

~ 下篇 ~

用　力

做人就是要活出自己的胆气和刚性

所谓用力，这里是指做人要做出"力度"，也就是说要有自己的个性和棱角，要活出一个有尊严的人应有的胆气和刚性。很多人把圆滑处世作为立足社会的法则，这样的人一味只求自保，缺了胆气、骨气。实际上，一个人要想活得顶天立地，活出自己的风采，就不能少了做人的"力度"。

第七章　锤炼自己性格的刚性 //124

　　在逆境中锻造刚毅之美 //124

　　不能缺少冒险精神 //127

　　努力让自己成为一个性格刚毅的人 //130

　　做个忠于自己、保持本色的人 //134

　　特立独行才能走出自己的路 //136

　　意志坚强才能干成大事 //139

第八章　与其生气不如争气 //143

　　有能力是能争气的前提条件 //143

　　精通你的专业 //147

　　在对极限的逾越中争到一口气 //149

　　不要"骨气"也能争气 //152

　　不断训练自己的竞争能力 //154

借鉴他人的错误 //157

第九章　好心态是无往不胜的软力量 //161

别让自卑心毁了你 //161

突破你的心态瓶颈 //164

"执着"未必能得到成功 //167

改变"不可能"的心态 //172

摆出一个胜利的姿态 //175

培养积极心态的方法 //177

上篇 用心

十分的付出才能期望十分的收获

有什么事情是不用心就可以做好的吗？其实，一个人工作、生活中需要做的大多数事情都比较简单，至少在自己的能力范围之内，但为什么能够把这些事情做得很出色的人寥寥无几呢？原因无他，不用心而已。要想使自己的人生有十分的收获，尤其需要在学习、工作、处世这三个方面付出十分的努力。只要用心，就没有什么事情做不好。

第一章　用心学习：
把学习当作人生中的大事来抓

很多人错误地认为，学习是学生的事，与自己无关。有的人走上工作岗位之后，虽然偶尔在学习上也付出一点努力，但也仅仅为了应付一时之需，没有把学习提高到与个人价值和竞争力相关的层面上来认识，自然，这样的学习罔谈"用心"二字。有句老话叫"活到老学到老"，对于有所追求的人来说，学习无时不在、无处不在；对学习的用心就是对自己人生的用心。

一年的学习等于十年的奋斗

学习能大大地节省一个人的时间，就好像想跳跃的人向后退的几步——正是必要的后退提供了爆发的冲力。一个人在大学里度过的4年，对他更好地适应未来的工作，更早地做到他所期望的理想职位是很有帮助的，甚至有可能获得他以前不敢想象的职位。

某一个大城市中一家最大的零售店制定了15年合伙人事宜的相关条款。在这些条款中有一条规定，每个合伙人的儿子都必须在公司实习5年；但又附加了一条，如果他的儿子接受过大学教育，5年的时间就减少为3年。这个要求可能与一个事实有关，这个公司的大部分成员都是同一个种族的，而且从总体上来看他们是最善于做生意的——他们是犹太人，虽然在美国这并不是一个特别让人关注的种族，但是他们却有一个明显的共同特征——他们重视知识的积累。

一个大公司老板常常这样说，一个大学毕业生只要工作2个星期，就可以达到一个高中毕业生工作4年的水平。当然，过了这2个星期之后，他们的价值差别会以几何级数拉开。这位老板的话固然有点夸大其词，但它足可以说明：学习是一项可以节省奋斗时间的有利投资。

何颜，瘦小的身材，身着一套极普通的便装，脚上踏的是一双已难分辨出是什么牌子的旅游鞋，肩上背着一个大行囊，手里还提着一个印着某公司名称的重重的大纸袋。如果不理会她总是肩背手提的负重样子，单从她梳着的一条随意的"马尾刷"和那张总是带着两个笑窝的稚气的脸上，你可能会认为这是一个最多上高中的女孩子。

但是，你也许不相信，这个貌不惊人、谦和的女孩子竟然是一家较有名气的外资企业总经理的秘书。更让人不能相信的是，这个只有高中文化水平的女孩子，竟敢面对两位不同国籍的经理——一位英国籍经理、一位法国籍经理。她不仅让他们承认了她，而且有时还能听命于她的"发号施令"。

刚踏入这家公司的时候，尽管好朋友曾劝告她，在外企就职，对于她这样一个只有高中文化水平的女孩子，本来就很艰难了，又要面对两个不同国籍、有着不同文化背景的外国老总，工作难度简直不敢想象。但外柔内刚的何颜，越是不可思议的事，她越是觉得富有挑战性，越是有兴趣。

刚进公司那段日子是最难熬的。总经理们只把她当成个干杂事的小职员，不停地派些七零八碎的事情让她做，同事们也当她是个毛孩子，何颜委屈得不知流了多少泪水。但她忍耐着，抓紧一切机会去学习，学外语、学业务知识，寻找着让别人认识自己的机会。

除了把工作做得周到细致外，她还把自己所能见到的各种文件，全部都抢到自己的工作台上，只要有空就去认真翻阅琢磨，了解研究公司的业务。对于外文文件的文字障碍，就不厌其烦地去翻看她的那两本无声先生——英文字典、法文字典。时间久了，她对公司的业务可以说了如指掌，为自己进入通畅的良性工作循环状况做了坚实的准备。

外文水平在不断提高，这种速度令她自己都吃惊不小——业务方面的外文文件看起来盲区少多了。

而作为一个大公司的职员，没有足够的现代知识武装头脑，失去生存机遇的可能性就是百分之百。所以，她给自己制定了严格的学习计划——学习外语、学习计算机。在她的时间表里，休息日的概念早已模糊。在正常的五天工作日，她必须像其他的职员一样坚守工作岗位，又需要她为总经理们的活动做好一切安排。为此，她常常都要加班，时间在她那儿已被挤压得没有什么空隙，经常是别人都快下课了，她才急匆匆地赶到，抱歉地向老师打个招呼，就全神贯注地进入了学习状态。就是这样，她还是风雨无阻地坚持着。她常说，等我有了钱，我会给自己选择一个安稳的、理想的学习环境。

何颜就是利用这样的学习途径,不仅让自己突破了一个高中生难以逾越的门槛,而且在自己的工作岗位上越来越成绩卓著。如果她只是站在高中生的起点,慢慢攀爬而不注意抓紧时间学习,也许十年她都难以升到总经理秘书的位置上去。十年的奋斗成果可以用一年的学习换得,那么不懂得这项交易的人一定是"傻瓜"。

学习什么时候开始都不晚

古人有一句话叫做"朝闻道,夕死可也"。这虽是古人的一句慨叹,却道出了杰出人物对于学习的态度:学习什么时候开始都不晚。即使早晨知道了要知道的知识,晚上死去也毫无挂碍了。

可是,生活中的许多人往往可以艳羡他人的成就,却难以静心抓住改变自己命运的方向盘。总是能听见他们抱怨生活如何的不公,等到垂垂老矣,想学习也没有时间和精力了。事实上,这只是一个偷懒推托的借口,生命永远不会拒绝一个勤奋学习的人。

战国时期著名纵横家苏秦第一次游说失败后回到家里,一副狼狈的样子,一家人很不高兴,都不理他,在一家人的责怪下,苏秦非常难过。他想:我就这么没出息吗?出外游说,宣传我的主张,人家为什么不接受呢?那一定是自己没有把书读好,没有把道理讲清楚。他感到很惭愧,于是他暗暗下决心，要把兵法研习好。

　　白天，他跟兄弟一起劳动，晚上就刻苦学习，直到深夜。夜深人静时，他读着读着就疲倦了，总想睡觉，眼皮粘到一块儿怎么也睁不开。为了治瞌睡，他找来一把锥子，当困劲上来的时候，就用锥子往大腿上一刺，血流出来了。这样虽然很疼，但这一疼就把瞌睡冲走了。精神振作起来，他又继续读书。

　　苏秦就这样苦苦地读了一年多，掌握了姜太公的兵法，他还研究了各诸侯国的特点，以及它们之间的利害冲突，他又研究了各诸侯的心理，以便于游说他们的时候，自己的意见、主张能被采纳。

　　公元前333年，六国诸侯正式订立合纵的盟约，大家一致推苏秦为"纵约长"，把六国的相印都交给他，让他专门管理联盟的事。

　　苏秦约纵联横的成功来自他的真才实学。但这种真才实学不付出努力是很难取得的。尽管苏秦当时已有家室，年龄也不算太小了，但他能够奋起，并不惜用"锥刺股"的方法来刺激自己保持一颗清醒的头脑去学习，精神可嘉。他的故事激励了许多人努力学习，不停奋斗。所以，如果你想有点成就，就不要以年龄太大为借口，让岁月在哀叹声中流逝。只要你还没有接近生命的尾声，什么时候开始学习都不算太晚。

　　有的人经常会说年轻的时候没有好好学习，现在一切都晚了。想再进学校年龄不允许了，再说各种脑力都在减退。但他们应该知道国家为了提高全民素质，已经把大学、研究生等再深造的年龄段放宽，只要你想学完全有机会。再说走一条夜大、自学，或半工半读的路也未尝不可。

　　讲一个故事也许会对你有所启发：

　　一个穷人为农场主搬东西的时候，失手打碎了一个花瓶。农场主要穷人赔，穷人穷得常常吃不上饭，又哪里能赔得起。

穷人被逼无奈，只好去教堂向神父讨主意。神父说："听说有一种能将破碎的花瓶粘起来的技术，你不如去学这种技术，只要将农场主的花瓶粘得完好如初，不就可以了嘛。"穷人听了直摇头，说："哪里会有这样神奇的技术？将一个破花瓶粘得完好如初，这是不可能的。"神父说："这样吧，教堂后面有个石壁，上帝就待在那里，只要你对着石壁大声说话，上帝就会答应你的。"

于是，穷人来到石壁前，对石壁说："上帝请您助我，只要您帮助我，我相信我能将花瓶粘好。"话音刚落，上帝就回答了他："你能将花瓶粘好。"于是穷人信心百倍，辞别神父，去学粘花瓶的技术去了。

一年以后，这个穷人通过认真地学习和不懈地努力，终于掌握了将破花瓶粘得天衣无缝的本领。他真的将那只破花瓶粘得像没破时一样，将它还给了农场主。他要感谢上帝，神父将他领到了那座石壁前，笑着说："你不用感谢上帝，你要感谢就感谢你自己吧。其实这里根本就没有上帝，这块石壁只不过是块回音壁，你所听到的上帝的声音，其实就是你自己的声音。你就是你自己的上帝。"

每个人都是自己的上帝，主宰自身命运的是我们自己。只要我们想改变自己的命运，什么时候开始学习都不晚，如果找借口，不行动，永远都不可能有改变命运的机会。

用心学习就要做到亲身体验

相对于听而言，人们往往更相信自己直接感受到的东西，但是实际生活中，往往会出现我们预料不到的一些复杂情况。例如，人们常说："百闻不如一见"，"耳听为虚，眼见为实"。人们对自己眼睛所见到的现象总是十分相信，但是实际上眼睛是会欺骗我们的，一种情况是观察对象利用我们认识的误区对我们实施欺骗，如生活中的魔术，自然界中的"海市蜃楼"现象等。其次是我们人体自身的"错觉"，如法国的国旗蓝、白、红三色布横拼接，眼睛看三色布条宽度是一样的，但其实际宽度比为 37：33：30。类似还有时间、空间、运动等错觉。再有就是观察中出现了我们原来未知的、预期之外的真实现象，往往能触发灵感引出新的发现和发明。

要学到适合自己的知识就要养成"亲口尝一尝梨子滋味"的习惯，要亲身参与观察，而不能仅凭道听途说就轻易下结论。

如果用细线悬挂一个重物，在物体下面再挂上一根同样的细线。先用手慢慢地拉下面的线，逐渐增大拉力，注意观察，是物体上面的线先断还是下面的线先断？用细线把物体重新挂好，然后用力猛拉下面的细线，这时又是哪根先断？如果我们亲自动手做这个实验，我们会发现，在实验中出现了两个现象，当用手慢慢拉下面的线时，逐渐增大拉力，物体上面的线会先断。其原因是上面的线受到重物的拉力和手的拉力。当用力猛拉下面的细线时，物体下面的线却先断。其原因是重物具有保持原静止状态的能力（即惯性）。在下面细线瞬间力的作用下，重物仍保持静止状态。因此,物体上面的细线受的力基本不变,而下面细线由于猛拉而断。

这个实验涉及的物理知识并不复杂,但假如不亲自参与实验的话,绝不会有如此鲜明的感受,对所涉及的物理知识也不可能有很深入的了解。

学习的目的在于分析、解决问题,通过对物理实验的亲身参与,在细微的观察中,我们会感觉到复杂的物理知识的应用变得简单了。因为,观察实验,往往能创设我们所需要了解的物理环境,使问题变得明显、直观。有时,实验能告诉我们直接的答案。

所以,要深入学习自己需要的知识就必须亲身实践一下。

1986年我国长江科学考察漂流探测队,经过179天的漂流生活,克服江源地区低温缺氧和暴风雪等恶劣环境所带来的影响,穿越无数峡谷险滩,创造了全程漂流长江6300公里、落差5400米的纪录,带回了开发和利用长江水利资源的第一手资料,开创了长江实地研究的新纪元。

又如,1984年11月20日,我国首次赴南大洋和南极洲进行科学实地考察。在这次考察中,科技人员登上了南设得兰群岛中的乔治岛并建立了我国第一个南极科学实地研究基地——中国"长城"考察站。这次考察的收获单是地质矿产一项,就取回上百件的实物标本,以及一大批珍贵的反映南极过去地质演变痕迹的录像图片,为探索漫长的南极史,开发和利用南极资源,提供了可靠的资料。

对于那些考察员来说是艰辛的,但它却又是最富探索性的活动,是其他任何观察方式所无法代替的。

与实验相比，实地考察并事先做好的"框架"，因此，有时得到的结果会比实验更丰富、更具有开创性。

实地考察告诉我们：第一，只有深入实地考察，才能获取第一手丰富的、真实的、最具有研究价值的观察资料。否则，凭空想象、闭门造车，所得的资料只能是虚设的、苍白的、毫无价值的。第二，只有具备坚忍不拔的吃苦精神和探索精神，才有可能获得始料不及的新发现。

而学习生物的人，就应该到大自然中去。

大自然以它的美丽和奥妙吸引着人们，它是人们天然的乐园和知识宫殿。青少年喜爱大自然，可以从那里得到无穷的乐趣，获取丰富的知识。盼望成才的青少年，不要忘记自然这个广阔的课堂，到大自然中去培养自己的观察能力，汲取成才的营养，更茁壮地成长。

大自然蕴含着丰富的知识，等待人们去探求、去获取。面对太阳东升西落、月亮阴晴圆缺，风雨雷电、冰雹雪花、飞禽走兽、花草树木、高山川河等等自然现象和自然景物，去那里走走看看，去发现里面的知识和神奇。还可以试验自己所学过的知识。

大自然也犹如一座巨大的披着面纱的知识宫殿。它所储藏的知识涉及天文学、动物学、植物学、矿物学、物理学、地质学、化学等科学领域，又同历史、地理、文学、美学、音乐等等有着直接的联系，因此又完全可以把大自然称作一部百科全书。大自然也是世界上最好的老师，它以种种新奇的现象启发人们思考问题，吸引着人们探求知识，成为推动人类智力发展的重要因素。在大自然的激发下不断追求新知识，对大自然的认识越来越深刻，知识面越来越扩展，智力也日益得到提高。

总之只满足停留在表面的知识，是不够的。正如有时面对同样的事物，同样是亲自观察，得出的结论却大不一样。镁带的燃烧实验因为其剧烈燃烧，发出耀眼的白光，并放出大量的热，因而常引起同学们的兴趣和注意，其实，镁带燃烧实验重点学习的应该是镁带和氧化镁两种物质的颜色、状态、光泽等区别。镁带是银白色具有金属光泽和延展性的金属，燃烧后的生成物则是白色、无金属光泽、无延展性、易碎的物质。而对剧烈的发光、发热等现象的观察是第二位的。

可见，亲自参与仍然是不够的，还需要深入地学习，这样才能通过学习对象所反映的同类事物的共同点，抓住事物的本质规律。

增强你的学习消化功能

书本上的知识是前人在探索世界后所得出的直接经验的理论总结，但对于你来说则是一种间接的经验，学习和继承前人的成果，不仅有利于科学技术的广泛传播和进步，而且有利于培养和提高我们的能力素质。

然而，要想学好书本知识，并把书本知识转化为自己的知识，必须增强你的消化吸收功能。

在学习时，应克服只重视理论知识，不重视实际运用的现象。

在这方面有一个非常耐人寻味的事例：

有兄弟两人十分巧合地在同一所大学里学习市场营销，并在毕业后分到了同一家公司工作。

一年以后，公司的主管提拔哥哥当了营销主管，弟弟感到很委屈，觉得自己比哥哥守纪尽力，在读书时也比哥哥成绩好，而公司的主管却提拔了哥哥没有提拔自己，可能是因为自己没有和领导搞好关系。

弟弟的这些想法被公司的主管全看在眼里，公司的主管不动声色地在一天上午把弟弟叫到了办公室，叫他到公司主管指定的一家市场去调查一下白菜的行情，然后回来向他报告。

弟弟到市场以后，看到市场上只有两家卖鸡蛋的，就回来对公司的主管报告说：市场上没有卖白菜的，只有两个卖鸡蛋的，所以无法了解白菜的行情。

公司主管听后让弟弟坐下，又叫来了哥哥，并指派了同样的任务。

哥哥走后，公司主管对弟弟说，你看看你哥哥是怎么做的。

过了一会儿，哥哥向公司主管报告说："卖白菜的已全都走了，经向其他人打听，今天的白菜每千克是0.3元，销路很好；现在市场上只有两个卖鸡蛋的，价格为每千克2元。据卖货人讲，近期鸡蛋的货源非常充足，如果想大量购买价格还可以降低。如果您想要进一步的资料，我可以把卖鸡蛋的人找来。"还未等经理讲话，弟弟就已羞愧地离去了。

你如果不能把学到的知识加工整合，变成自己的东西，你永远都不可能学到真正的知识。

由于客观世界是发展变化的，所以书本知识也需要在实践中不断地进行丰富和完善、吸收和消化。

这是人类进步的一种形式。

牛顿在对自然界进行长期观察的基础上，发现了支配自然界的三大定律，并为经典物理学奠定了良好的基础。但是，人们对自然界的认识并未到此止步，随着研究范围的转变，人们惊讶地发现牛顿定律竟然失灵了，经过科学家们的不断探索，最后爱因斯坦认识并掌握了微观高速世界的运动规律。随着研究的不断深入，人们将会发现更多的新规律，这种不满足现状，不迷信书本的精神，才使人类的认识逐步深化。

随着科技的不断深入，认识的不断提高，书本知识的不断发展，要求你读书而不迷信书，要用批判的眼光审视前人的直接经验，并在继承前人成果的基础上推陈出新。专业知识的掌握要靠相应的职业技能来体现，职业技能只能靠锻炼获得。强调职业技能，古已有之，俗话说得好"三百六十行，行行出状元"，就是指各行业都有技能出类拔萃者。古人曾在《卖油翁》中记述了卖油老人不用漏斗就可倒油的绝技。现代北京市百货大楼糖果柜的售货员张秉贵，不用称就可以抓出顾客所要的数目等等。

目前高等教育的缺陷之一，就是学子的职业技能在实际运用中显得水平低下，在参加工作后，与工作的实际要求差距较大。

例如：一些师范毕业生，在大学期间一直被老师认为是"高材生"的学子，在真正走上讲台后，语句表达不清，字写得歪歪扭扭，50分钟的课他用20分钟就全讲完了，不但听课的人听不懂，他本人也是"茶壶里装饺子，肚里有，嘴里倒不出来"。

因此，必须加快教育体制的改革，强化学生的技能培训，提高学生运用专业知识的能力，使其能适应社会的不断发展和未来职业的需要。鲁迅曾经说过："专读书也有弊病，所以必须和社会接触，使所读的书活起来。"

比如，城市里的人到了农村以后，很多人都分辨不清麦苗与韭菜，之所以会产生这种情况，原因就在于城市里的人没有感性上的认识。而农村里的人则因为接触得多了，就能分辨得一清二楚。

14岁就到煤矿做工的斯蒂芬孙在煤矿中从事的工作是擦拭矿上抽水的水泵。后来，他当上了煤矿的保管员，使他有机会接触到了更多的机器。他感到，当时落后的运输工具不能适应正在迅速发展的煤矿业，于是他就想发明一种"强有力的运输工具"。他8岁时就开始给人家放牛，因此失去了读书的机会，尽管他对机器十分熟悉，但是，有好多问题他都无法上升到理论上进行解释。于是，他下决心努力学习文化。为了更好地进行蒸汽机的研究，他步行了1500多里来到了蒸汽机发明者瓦特的家乡做了长达一年多的工，他在工作之余，就对蒸汽机构造的原理进行钻研，并运用自己所学知识，开始进行"强有力的运输工具"的发明。经过一番呕心沥血的钻研终于在1814年造出了第一台蒸汽机车。但是试车却失败了，他受到了诽谤和责难。但他并没有因此而灰心，并于1825年9月27日在英国斯多克敦至达林敦的铁路上，对世界上第一台客货运蒸汽机车"旅行号"进行了成功的试车。人们热烈地庆贺火车的诞生。1829年10月他驾驶着新制的"火箭号"参加了在利物浦附近举行的一次火车功率大赛，并获取了胜利。

如果，斯蒂芬孙只有实践，却没有书本知识，是不能发明出火车的；

但是，学到了书本知识，却不能与实际相联系，也无意于解决运输上的难题，火车也不会在他的研究中诞生。只有同实际社会进行接触地读书，才能促进生产力发展，才能为社会创造财富。

为了使所读之书活起来，就要在学习知识的过程中养成勇于破疑、大胆质疑的品格。

技术上的革新，科学上的突破，都是从"疑"开始的。由于看到了教堂天花板上摇曳着的灯，伽利略产生了疑问，他经过一番仔细的观察与研究，发现了摆锤等时性的定律。那些对"常识"，甚至是写在书上的"知识"，勇于探求的人，才会产生有用的疑问。

由此可见，"怀疑并不是缺点"，但是"总是疑，却并不下任何断语，才是缺点"。提出疑问之后，进而深入研究，并有所发现，有所创造，才是最可贵的。

科学上的进步，技术上的革新，就是一个不断提出疑问，解决疑问的过程，即一个从无疑到有疑，从有疑到释疑的过程，你的事业生涯也是如此。

想要打开真理的大门，必须读书而又不迷信书。反之，抱残守缺，拘泥于书本，就不会有什么创见。

东汉著名学者王充"好博览而不守章句"，也就是说他不但博览群书，而且敢于疑古惑经，才能写出"铨轻重之言，立真伪之乎"的《论衡》。

多年来一直困惑着人类的大难题之一，"百慕大三角之谜"。在那里，有很多飞机、船舰进入以后，便一去不复返，无影无踪，销声匿迹了。据有关方面的统计，在过去短短的 13 年中，就有 200 多艘船舰、

100多架飞机被"魔鬼三角区"所吞噬。这种发生在"卫星上天"、"飞船登月"科学技术极其发达的今天的怪事,像"谜"一样久久地难以解开,以至于各种猜测,各种主观的臆断,乃至于荒诞不经之谈,接踵而来,众说纷纭。但是,经过科学家们长期的努力,最后终于揭开了这个谜。

美国东南沿海西大西洋海域的一个急流交汇的漩涡区就是"百慕大三角区"所在的位置,科学家们针对这个情况先对漩涡进行了研究。科学家们在一只盆中盛满了水,然后对其进行搅动,让水涌起漩涡,再用特殊的强光,以60至75度角射入漩涡中。奇迹出现了,悬在澡盆上的一张薄纸霎时就燃烧了起来。说起来道理很简单,凹面镜聚焦点能够使物质燃烧。同样道理,漩涡所形成的凹面水域聚焦点也能使物质燃烧,人们首次发现这个道理。在此基础之上,科学家们进一步发现,当漩涡的直径达一千米时,太阳光的入射角为60至75度时,所形成的聚焦点直径可达一米多,焦点温度达上万度。

而"百慕大三角区"的漩涡直径多数都在200公里,甚至是上千公里,这些漩涡有的维持长达60多天,由于它们在阳光入射角60至75度时,形成的聚焦点的直径可达几百米乃至上千米,所以它的温度足以使飞机、船舰在顷刻间熔化,即使是稍稍靠近也能焚烧或爆炸。

而且,这些漩涡形成的巨大凹面镜,在夜晚时仍能将月光、星光聚集在一起,使磁场受到扰动,使船舰的仪表失灵以致使船舰失踪。

"百慕大三角之谜"被人们揭开了,它是科学家们在实际实验的努力中揭晓的,揭晓以后的答案被记载到了书中,我们可以通过读书获得这个知识。

因此，在书本中学到的知识是有限的，实际生活中蕴藏着太多的秘密。只有把书本知识学好，并在此基础上消化吸收才能解决实际问题。

学习以信息为钥匙打开机会之门

21世纪，"信息"成了各种书籍与媒体使用频率最高的词之一，"信息化浪潮"、"信息经济"、"信息技术"等词语不断闪现在我们眼前，在人们的交往过程中，拥有信息的多少成为机会和财富的象征，而掌握信息的人往往显得更有能力，易成为人们瞩目的焦点。因为有了信息的积累，思路就会随之拓宽，就有可能掌握到更多的知识。

"信息爆炸"给人们带来了无穷的机会，可以说在当今社会中，谁获取的信息最多，谁就是这个社会的成功者。因为每一条信息会为我们开启一扇机会之门，使我们通向成功。

如果我们知道美国商界巨子阿曼德·哈默的故事，也许就会对信息有全新的看法。

哈默在16岁时，已决定不再从家里要钱，自己开始挣钱了。一天他在大街上散步，看中一辆标价185美元的双人敞篷汽车，而这笔钱对他不是个小数目。突然他想起两天前曾在一幅广告中看到一家工厂找人送圣诞糖果的启事，现在买下这辆车，不正好去应聘那份工作吗？想到这里，他马上找到哥哥借了钱，买下了这辆车，并立即与那家工厂联系，接手了那份工作，为一位富商送圣诞糖果。两周后，他还清了哥哥的钱，自己也有了些小钱。第一次生意给他很多启示，他认识到，只要留心生活中的每一个小的现象，并利用好这种很小的信息，再加上努力工作，就能获得大多数自己想要的东西。

哈默在大学学习期间，父亲让他帮忙管理一个濒于破产的制药厂，同时父亲要求他不要放弃学业，将经商与学习结合起来。他接受了这个充满挑战的机会。18岁的他贷款买下了药厂合伙人的全部股份，掌握了药厂的实权，同时，大胆改革药厂的经营方针。经过一番苦心经营，在大学毕业前，他已是拥有百万美元的大学生富翁了。

也许有人认为我们不如那些商业巨子聪明，对信息不如他们敏感，面对信息社会甚至无所适从。其实，这都是次要的因素，要相信每个人的智商都是差不多的，凡事都是靠磨炼出来的，只要运用正确的方法，就不会有茫然的感觉，并能拥有敏锐的眼光，在沙子中找到金子。我们生活在这样一个信息社会，应该学会培养自己的这种信息的接收和处理能力，为自己创设多种成功的可能，而不是越走越窄。

在处处充满信息的社会中，对信息的收集与整理是一个学习的过程。大家不要认为这是一项枯燥的工作，其实这样是在积累一个个机会。这就像我们学习知识一样，刚开始谁也不可能是一个非常优秀的专家学者，只能逐步地积累，即使那种非常有天赋的人，也要从积累开始。当我们的知识积累到一定程度之后，我们就会具有不同寻常的理解力和智慧，就可以透过现象抓住本质性的东西。信息也就是平时积累的材料，通过我们不断地积累，再与生活两相对照，我们就会发现哪些材料是有价值，哪些是毫无用处的，这样信息就成了我们的有用资源。所以，收集信息，是很关键的一步。

当信息储存到一定程度的时候，我们要注意它们的相关性，也许单个的信息没什么用处，一结合起来，就有了很高的价值。这就要对收集来的信息进行分析，这不但是一个理清思路的过程，有时甚至可以发现信息外的一些信息，使我们获得意想不到有价值的信息。

其实学习就是在智力上的自我准备，不论上中等的职业学校课程，还是理论或应用科学的普通课程，都会是开启我们智慧之门的钥匙。在具备了基本的知识之后，进一步以经验为指导，信息所发挥的功能就会是巨大的。所以学习也就是把知识作为一种长久的信息储存起来。

比尔·盖茨在投身软件业时，联系自己编写软件、操作系统、语言、应用程序等方面的丰富知识，再加上所获得的个人软件行业在市场中仍然很薄弱的信息，于是取得了成功。

如果我们主观上缺乏准备，头脑中完全没有捕捉信息这根弦，那么就是有用的信息送到你的面前，也会白白地溜掉。我们常见到这样的情形：有些人天天看报纸、听广播、看电视，但是他们从未发现任何有价值的信息。他们对信息毫不敏感的原因，在于缺少捕捉信息的意识和紧迫感，通常也懒于去整理自己每天所看到的信息。所以，我们必须树立常抓不懈，多方收集信息的意识，使自己成为捕捉信息和机遇的有心人。

但信息本身千姿百态，有的属于虚假的表象，能阻挡一般人的视野；有的属于无关紧要的细枝末节，容易被一般人所忽视，我们应该保持清醒的头脑、学会辨真识伪，让信息为己所用，才能有助于我们拓宽思路，学到更多的知识。

只要用心，就能从简单中学到复杂

我们在生活中，常常错误地表达自己，我们处于错觉的世界中，很多东西并非它看上去的样子或人们所理解的样子，为什么呢？除了对事物唯一的定式思维外，我们还经常忽略了事物所代表的更广泛的意义，要寻找这种背后的意义，首先必须否定事物表面上的样子。否定明显的东西似乎就是一种错误，那么既然是错误，人们对此之后的思考的前提也就没有了，进一步的探索于是到此为止。但我们可以发掘"谬误"中的价值，并在此过程中逐渐调整自己的思维方式，放开眼界，看到更多的东西。

还记得达·芬奇画的鸡蛋吗？那些不是鸡蛋，或者不只是鸡蛋。

韦罗基奥是当时佛罗伦萨的名画家，对艺术与科学都有极大兴趣。他有着自己的绘画理论，用自己的绘画理论来教授和指导徒弟。在他看来，画画就要有立体美的精确性，一切艺术都必须以一种几何图形为依据，必须具体而完整，不仅要有长度、宽度，还要有深度，他是认识到透视在绘画中的重要性的第一批意大利艺术家中的一个。他要求绘画一定要有精确的美。

他不赞成达·芬奇天马行空式的绘画。"精确!"他说,"一定要画得精确!要有立体感!"他批评达·芬奇的画缺乏立体的精确。

对于达·芬奇来说,画一只小小的鸡蛋简直易如反掌,然而,他开始并不懂得一只鸡蛋所代表的深刻意义,在他的老师韦罗基奥眼中,达·芬奇画的不是鸡蛋,而是以画几何图形练就的基本功,是对画画完美精确的要求。

经过老师的解释,达·芬奇完全否定了原来自己脑海中对鸡蛋的单纯概念,使它变成了一种练习工具、进步的阶梯,他的每日勤奋画蛋,也包含着老师对学生勤勉的要求,他的老师很看重学生积极努力、勤奋学习的品格,认为只有不断练习、加强功底才能随心所欲地驾驭手中的画笔,同时鼓励学生拓宽知识面,畅游在科学和艺术的海洋里。不断地画蛋,既是对基本功的操练、耐心的磨炼,也代表了一种勤奋的学习态度,以及对事物广博、浓厚的兴趣。通过画蛋,达·芬奇明白了老师的用心良苦,他在勤学苦练中不断实践着那只鸡蛋所代表的意义,这种青年时代的经历,影响了他的一生,他不但技艺精湛,为后世留下了《最后的晚餐》《蒙娜丽莎》等传世名作。而且他爱好广泛,曾涉足军事、建筑、解剖、音乐等诸多领域,并喜爱发明创造,虽然除了绘画之外,在其他方面他并未获得什么成就,但其勤奋好思,努力探索的热情可见一斑。

对于我们来说,只要稍稍动动脑筋,也可以看到事物所代表的各种不易发觉的含义,第一步,便是否定它!

这不是一家公司。面对你所工作的公司,说上面这句话,它对你意味着什么?除了公司,你能想到关于它的什么事情?或许是同事间关系，或许只是一个项目运作所需要的团体。也许你们公司并不是从外表看上去的那个样子，也许它并不是人们以为它一直在运转的那种方式，它还有可能使你改变、拓展对一家公司的看法：一栋建筑，位于某个具体的地方，你在里面制造一些东西，或者提供某种服务。现在来扩大对公司的理解程度，就不仅限于具体地方的具体建筑，你也会发现自己很喜欢与你合作的任何人，喜欢与他们组成团体，进行协作，其中可能还包括一大批以前并没有包括在你的工作范围内的形形色色的客户，你会发现自己是在每一栋大楼里工作，在世界上的任何一个地方工作——通过电子媒体——而不是在一栋具体的大楼里工作。

这不是一所学校，想一想这句话对你思考学校含义的影响，你对学校、学校里的老师、学生、管理员以及学生父母有什么新看法，或者对教育过程有了什么新的解释。也许，你产生了这样的看法：学校并不是一栋位于某个具体地点的建筑，孩子在里面学习一些东西，教师们在里面教授一些东西。广义地讲，学校可以是任何一栋建筑，世界上任何一个地方，任何想学习的人都可以到这里学习，他们同时也向他人传授自己学到的一切。

这不是一个桥钢，有一种专门用在桥梁接头的桥钢，它由两条相互咬合的钢条组成，就像交叉起来的手指一样，在建造桥梁时，这两根钢条并不完全合拢，而是留出一定空隙，允许桥梁在夏天膨胀，也允许它们在冬天收缩。

否定它！你联想起什么呢？你可能想到了诺言，它有时被打破，引来接受诺言当事人的愤怒。然而，诺言应和桥钢一样相互留有余地，因为诺言也会受到温度变化的影响，它在你激动和热心时受热膨胀，也会在你冷静、漠然时收缩，假如完全咬合，诺言本身就显得生硬，很容易形成愤怒，从而打破这个诺言。

考虑一种实际的情形：你许诺暂时改变一下你的生活，这样，你就可以与另外一个人以一种平和及有效率的方式共同相处，对方也做出类似的许诺。开始，你感觉到这是一个非常令人满意的方法，你们都能注意对方的意见，自由交流看法，且工作进展也很顺利，你们真的处于合作之中，并非勉强和迁就彼此。可一段时间以后，你们的许诺被打破了，因为当初的热情已经逐渐退去，暂时改变的生活状态还是受到以前各种习惯的影响，于是你开始变得难以原谅自己，痛恨自己无法信守诺言，你和合作者之间就此出现了争执，他对这种变化也感到愤怒，对你的行为进行指责，当初的许诺变成了愤怒的源泉，使你们最终分开。

但是，你们为什么要设定这种合作环境呢？过于生硬的诺言，便成了一种障碍——没有空间使其发生自然的弯曲和伸展、自然的索取和奉献，没有情绪收缩和扩张的余地，也许你们可以寻找一种轻松的合作方式，而不是凭一时决定定下铁的规则，令未来多变的状况产生的后果毫无变通的可能。

这不是一个诺言，这是一个可以热胀冷缩的桥钢，这个联想反过来似乎更具积极意义。

将类似的方法扩大到更多的情景之中，我们似乎生活在一个任何事物都很笃定的社会，大家所共同认可的东西，便没有人去挖掘更深的含义，或者说由于刻板的生活和环境，人们失去了联想的习惯，即使否定了一些事物，也无法展开广阔的思维，寻找更有价值的东西。

因此，在平常的工作生活中，注意自己或周围人身上存在的锻炼思考方式的机会，打破已经存在的定论，在这种"错误"中你必会有所心得。

第二章 用心工作：
把工作作为提升生存境界的突破口

前几年流行这样一句话：今天工作不努力，明天努力找工作。这也从另一个角度道出了许多人对待工作的态度：在一个工作岗位上时间稍久，便不再把工作当一回事。这是因为大多数人没有意识到，在你追求所谓事业成功的时候，却往往忽略了手头的工作。人无业不立，要想业有所立，应该先从用心干好最普通、最简单的工作开始。

以追求完美的心态完成工作

同样完成一件事，不同的人有不同的办事标准。有的人敷衍了事，他们把上级交托的任务草草完成便上交，至于完成得好与坏，他们不管；有的人尽职尽责，这些人严格按上级下达的任务标准做事，既不差一分，也不多做一分；还有的人追求完美，他们不仅把交付的任务完成，还力图做得更好。

以完美作为办事的标准是成功者的要求。如果你能这样想，无论你做什么，品质都很好，都不会自满。因为很少有东西是完美的，即使是最好的产品都有缺陷。然而，无论在公司或组织中，就是因为你设立这样一个完美的目标，可以提升每一个人对品质的意识，使每个人做事都变得非常认真，因为每个人都在研究，要怎样才能把事情办得更完美。

只要你追求完美，就可以保证你能成功。而世界上为人类创立新理想、新标准，扛着进步的大旗、为人类创造幸福的人，就是具有这样追求完美无缺素质的人。无论做什么事，如果只是以做到"还可以"为满意，或是半途而废，那就很难成功。

在工作中应该追求完美、满分。不完整的工作成果只会给别人添麻烦，对自己的成长也没有好处。

人类的历史有不少悲剧，都是那些工作不可靠、不认真的人苟且作风所造成的。有人曾说："无知与轻率所造成的祸害，不相上下。"许多青年人的失败，就在这"轻率"的一点上。他们念念不忘的，是想寻得较高的位置，较大的机会，使自己有"用武之地"。他们常对自己这样说："我们在平凡、渺小的职务下，枯燥、机械地工作，有什么意义呢？那真是不值得去拼搏！"因此，他们的工作，往往需要他人的审查、校正。这样的人，难于升到较高的位置上。

但是，凡是出类拔萃的青年，对于寻常、细微的每件事，都能认真思考，不肯安于"还可以"或"差不多"，必求其尽善尽美。他们能在简单、平凡的工作岗位中，看出与创造出大机会来。他们比一般人更敏捷、更可靠，自然能吸引上级的注意，博得领导的赏识。他们每做完一件事，都能勇敢地对自己说："对于这份工作，我已尽心尽力，可以问心无愧。我不但做得'还好'，而且在我能力范围内做到了'最好'。对于这份工作，我能够经得起任何人的检查批评。"

巴尔扎克有时是一星期时间只写成一页稿纸，但他的声誉，却远非近代的某些不严肃的作家所能企及。狄更斯不到预备充分时，不肯在公众前读他的作品。这些都是人们务求尽善尽美的美德。然而不少人对于职务、工作的苟且、潦草，借口时间不够，这是不对的。因为，时间足够使我们把每件事情做得更好。

假使每个人无论做什么事，都能尽至善之努力，以求得完美的结果，那我们的生活一定变得更完善、更快乐，人类幸福真不知能增进多少！

追求完美，就应该注意从以下几个方面着手：

第一，面对失败，对于"原因在哪里"、"为什么会失败"之类的问题，都要及时自我反省，认真检讨，要不断注意技术上、精神上、生活上存在的缺点。

第二，要想成功必须具有"硬件"，要有别人一提及，你就能紧跟着联想起来的绝活。

第三，要有万一失败，应怎样挽回残局、减小损失的准备。

为了预防万一，要事先准备好第一方案、第二方案、第三方案等多种解决突发事件和意外情况的方案，不可孤注一掷。追求完美的过程，不可能一步到位，因此不能急于求成。不管任何事，任何人都无法一次做到尽善尽美，要反复、一次又一次地实践，不要老顾盼自己离"完美"还有多远，现在可以打多少分，这样不好。成功需要靠时间和努力的点滴积累，把"完美"当作一种目标装在心里，然后埋下头，专注于自己的工作。在达到完美境界的过程中,有许多人为的因素,也有很多现实生活中不能克服的障碍。但是,如果我们无法坚持不做自己不清楚的工作的基本信念,就会因为工作量或处理产品件数的增加,而顾此失彼。

现在某些公司就因非常坚持这个原则而大有发展。这类公司只要自己的产品有点瑕疵,不管是谁订的,或订的是什么货,在什么状况下,都不会贸然出货。即使因此使同行抢先了一步也没有关系,这是他们坚持的方针。换句话说,就是希望自己的货都是完美的。

办事干净利落,不拖泥带水,该办的事尽早去办,该了结的尽快了结,有这种工作和生活态度的人,处处会受到别人的信赖和喜爱。追求完美无缺,并能画龙点睛,锦上添花,这是事业成功的因素,也是个人能力的展露。

再平凡的工作也不能小看

工作没有高低贵贱之分,任何正当合法的工作都是值得尊敬的。因此千万不要看不起自己的工作,只要你诚实、用心地工作,就没有人能贬低你的价值。

认真负责地工作,全身心地投入其中,这才是成功人生的真实写照。工作松松垮垮的人,不论在什么领域内,从未取得过真正的成功。如果把工作仅仅当作赚钱的工具,这种看法也是让人蔑视的。在人的身上有一种神性，在舒适的伊甸园里是培养不出这种神性的。人被赶出伊甸园，这看似灾难，实际上是件无限幸运的事，这就迫使人类只有通过自己的辛勤劳动，才能去换取生存所需的面包。上帝向我们揭示了这样一个真理：只有经历艰难困苦，才能取得世界上最大的幸福，才能取得最大的成就；只有经历过奋斗，才能取得成功。懂得这一点具有重大的意义。"我们正因为缺少某种东西，才有追求它的强大动力。"

蒙格尔说："只有具备明确而坚定的目标，才能走向成功；只有具备这样的目标，才能锻造人的品格，提高人的修养；只有具备坚定的立场，才能取得成就。"

如果一小块画布上画着《蒙娜丽莎》这样一幅名作，它就会成为无价之宝，但别的艺术家的作品却只值 1 美元，其中的原因何在？这是因为达·芬奇在帆布上投入了全部的心力和劳动，而别的画家却只投入了 1 美元的劳动。

铁匠将价值 2 美元的铁块加工成马蹄铁，结果得到价值 10 美元的产品。刀剪匠将同样多的铁块制成刀具，得到 200 美元。机械工将同样分量的铁块制成针，得到 6800 美元。钟表匠将它制成钟表的主发条，得到 20 万美元。而将它制成牙医用的细丝，可以得到 200 万美元，其价值是同样重量黄金价值的 60 倍。

就我们的人生而言，情况也是一样的。我们天生就具有某种潜能，我们总得利用它来做些什么。如果懒懒散散，只会给我们带来巨大的不幸。有些年轻人用它来创造美好的事物，为社会作出了贡献。另外有些人没有生活目标，缩手缩脚，浪费了天生的资质。到了晚年，才意识到自己的错误，于是苟延残喘。本来可以创造辉煌的人生，结果却失之交臂,这不能说不是巨大的遗憾和错误。一个农夫,他有可能成为辛辛纳图斯之类的人物,也可能成为华盛顿之类的人物,也可能终日面对黄土背朝天,一直到老。

在卢浮宫里收藏着莫奈的一幅画,画的是女修道院厨房内的情景。画面上正在工作的不是普通的人,而是天使。一个正在架水壶烧水,一个正优雅地提起水桶,另外一个穿着厨衣,伸手去拿盘子。即使是日常生活中最平凡的事,也值得天使们全神贯注地去做。行为本身并不能说明自身的性质,而是取决于我们行动时的精神状态。如果一种工作看起来显得单调乏味,其实不过是我们在做它的时候心境如此罢了。

你在工作中所抱的态度,使你的工作与周围人的工作区别开来。你的人生目标贯穿了你的整个生命。随着日出日落,它们或者使你的思想更开阔,或者使其更狭窄,这样的话,你的工作要么变得更加高尚,要么变得更加低俗。

如果你是砖石工或泥瓦匠,你可曾在砖块和砂浆之中看出诗意?难道你只知道贪杯饮酒吗?如果你是图书管理员,经过辛勤劳动,在整理好的书卷的缝隙,你是否感觉到自己已经取得了一些进步?如果你是学校的老师,是否对按部就班的教学生活感到厌倦?今天你见到一个学生,他是那样富有耐心——今后你就要更有耐心,巧妙地引导他们。

如果只从外人的眼光来看待我们的工作,或者仅用物质利益或世俗的标准来衡量我们的工作,它或许是毫无生色、枯燥乏味的,好像没有任何意义,没有任何吸引力或价值可言。这就好比我们从外面观察教堂的窗户,大教堂的窗户布满了灰尘,非常灰暗。一切的光华都已逝去,只剩下单调、灰暗和破败的感觉。但我们一旦走进门槛,走进教堂内部,我们便可以马上看见绚烂的色彩、清晰的线条，窗花格也显现在人们的眼前。阳光穿过窗户在奔腾跳跃，形成了一幅美不胜收的图画。这个例子说明了人们观察活动的特点，说明了人们的观察方式是有局限的。我们必须从内部去观察事物，才能看到事物真正的本质。有些职业如果只从表象来看，它是索然无味的，我们必须深入其中，才可能感到意兴盎然。

只有正确地看待你的工作，你才能做到尽职尽责，也只有一丝不苟，认真负责地对待工作，你才能实现你的人生价值，获得荣耀和肯定。

工作中要有主动尽责的精神

《把信送给加西亚》是一个大家耳熟能详的故事，它讲述了一个叫罗文的人奉命执行给反抗军首领加西亚送信的故事。他的敬业守责使一场战争的结局因此而改变，这种敬业精神确实令人感佩不已。

对于现在大多数的公司而言，在充斥着懒懒散散、漠不关心态度的表象下，能把信带给加西亚的人，就显得弥足珍贵了。

有一个人整天向朋友抱怨说他的公司待遇很差，薪水不高，上司也不重视自己，根本没有如意之处，英雄毫无用武之地。一位朋友给他提了个建议，让他把自己摆在来这家公司实习的位置上，踏踏实实地从头做起，学习掌握基本的技能，等学到了过硬的本领后，再带着自己的一身过硬本领跳槽走人，他觉得有道理，就采纳了朋友的建议，不再抱怨，而是认真对待每一项工作，这时他才发现实际上要学的东西还有很多，从此，他彻底改变了自己浮躁的态度，从一点一滴的小事学起，人也勤奋了起来，很快得到了上司的重视，升迁的机会也随之而来，整个人的精神面貌也变了。

从这个故事中我们不难看出，在许多情况下，我们的失败并不是客观原因造成的，而是主观态度不够积极所致。我们应该更多地审视自我，查找自身的原因，剔除那些诸如散漫、懒惰、不求上进等主观缺点，不断地完善自我，那样的话，每个人都能得到自己想要得到的。成功人士之所以成功，就是因为他把别人用来抱怨的时间都用在了工作上。

《致加西亚的信》这本书所介绍的罗文中尉，是尽责与敬业精神的象征，在为罗文中尉守责、敬业的精神所深深震撼的同时，我们也不妨试想："如果送信的那个人是我，我是不是也能像罗文那样出色地完成任务？"扪心自问，答案可能让人羞愧，并非说我们一定无法完成上司交给我们的任务，而是大多数人会怀疑在重重困难险阻面前是否能始终保持有完成任务的信心和不退缩、不抱怨的精神状态。与罗文中尉相比，我们大多数人在精神上所缺乏的正是这种坚定的毅力和必胜的信心，正是坚持到底的敬业精神。也许我们会抱怨现实生活中没有能够充分信任自己的上司，没有机会让自己去成就一番大业，但试想一下，如果你连一件小事都不能够出色地完成，而且抱怨不断，那么还有谁敢把艰巨的任务交给你？

作为企业的一名员工，努力提高公司的效益和市场的竞争力，或是努力改变公司目前面临的困境，是每一名员工的理想和追求。也许是由于其他的原因，我们还没有做到罗文那样的守责和敬业，但为了一个共同的目标，让我们携起手来，以守责敬业作为我们的工作态度，忠于职守，恪守承诺，用我们的信心、意志和力量，推动企业的共同发展。

那么，能把信带给加西亚的人需要有什么样的品格呢？

"把信送给加西亚"，需要有一种积极的态度，这个积极的态度会决定下一步的一切行动。德国一知名企业宣扬自己的工作理念是，"企业的每个员工不是螺丝钉而是发动机"，当然，发动机固然可以促进企业加大马力发展，但不合格的螺丝钉同样会影响到整个机器的运转，如果实在做不了强大的发动机，那就安心做好一颗螺丝钉吧，努力做实事，尽心尽力，是一颗称职的螺丝钉应有的本分，好高骛远，眼高手低，是不可能"把信送给加西亚"的。

"把信送给加西亚"要有主动的行动，行动本身就有可能遇到麻烦甚至危险的含义，积极的行动就是要主动解决这些问题和麻烦，而不是被动地等待，消极地推诿。一家企业的老板炒掉了他们企业中唯一的一名博士，他问自己被炒的原因，老板说："你找到的只是一份工作，而不是一项事业。"

"把信送给加西亚"还要有极强的责任心，没有哪个人会说自己没有责任心，但缺乏责任心的现象几乎无处不体现，有些人整日抱怨，有些人投机取巧，有些人划地自封，有些人会找各种借口为自己开脱，这些都无法掩盖责任心的缺乏……

如此看来，"把信送给加西亚"的精神是一个尽心尽力做好本职工作的人应当具备的素质，而不是高不可攀的要求，但为什么在现在的一些企业中，不缺各类专业人才，也不乏各行各业的精英，却唯独缺乏"能把信送给加西亚"的人？是制度的某种缺陷？还是个体的差异？似乎都不能完全解释。但是，那些不能"把信送给加西亚"的人一定是价值观存在问题，是对生活的态度出了偏差，我们崇尚的是"认真对待生活的人，生活一定会认真对待你"，听起来似乎与企业经营相差较远，但做事与做人是一致的，对生活不是积极面对，而是采取敷衍态度的人是不可能"把信送给加西亚"的。

敬业守责的精神是每一名员工都不可缺少的，如果你觉得自己在工作中未受到重视，或者待遇太低，那么最好是检讨一下自己的工作态度，请记住，只有敬业才能收获成功。

多做一点就能在竞争中胜出

在实际工作中，全心全意地做好本职工作是不够的，要在竞争中脱颖而出，要快速地提升自我，你就要在分内工作之外，每天再多做一点事。

你没有义务去做自己职责范围以外的事，但是你也可以选择自愿去做，以驱策自己快速前进。率先主动是一种极珍贵、备受看重的素养，它能使人变得更加敏捷、更加积极。无论你是管理者，还是普通职员，"每天多做一点"的工作态度能使你从竞争中脱颖而出。你的老板、委托人和顾客会关注你、信赖你，从而给你更多的机会。

每天多做一点工作也许会占用你的时间,但是,你的行为会使你赢得良好的声誉,并增加他人对你的需要。

有几十种甚至更多的理由可以解释,你为什么应该养成"每天多做一点"的好习惯——尽管事实上很少有人这样做。其中两个原因是最主要的:

首先,在建立了"每天多做一点"的好习惯之后,与四周那些尚未养成这种习惯的人相比,你已经具有了优势。这种习惯使你无论从事什么行业,都会有更多的人指名道姓地要求你提供服务。

其次,如果你希望将自己的左臂锻炼得更强壮,唯一的途径就是利用它来做最艰苦的工作。相反,如果长期不使用你的左臂,让它养尊处优,其结果就是使它变得更虚弱甚至萎缩。

身处困境而拼搏能够产生巨大的力量,这是人生永恒不变的法则。如果你能比分内的工作多做一点,那么,不仅能彰显自己勤奋的美德,而且能发展一种超凡的技巧与能力,使自己具有更强大的生存力量,从而摆脱困境。

社会在发展,公司在成长,个人的职责范围也随之扩大。不要总是以"这不是我分内的工作"为由来逃避责任。当额外的工作分配到你头上时,不妨视之为一种机遇。

提前上班,别以为没人注意到,老板可是睁大眼睛在瞧着呢!如果能提早一点到公司,就说明你十分重视这份工作。每天提前一点到达,可以对一天的工作做个规划,当别人还在考虑当天该做什么时,你已经走在别人前面了!

想成为一名成功人士,必须树立终身学习的观念。既要学习专业知识,也要不断拓宽自己的知识面,一些看似无关的知识往往会对未来起巨大作用。而"每天多做一点"则能够给你提供这样的学习机会。

如果不是你的工作,而你做了,这就是机会。有人曾经研究为什么当机会来临时我们无法确认,因为机会总是乔装成"问题"的样子。当顾客、同事或者老板交给你某个难题,也许正为你创造了一个珍贵的机会。对于一个优秀的员工而言,公司的组织结构如何,谁该为此问题负责,谁应该具体完成这一任务,都不是最重要的,在他心目中唯一的想法就是如何将问题解决。

下一次当顾客、同事和你的老板要求你提供帮助,做一些分外的事情,而不是让他人来处理时,积极地伸出援助之手吧!努力从另外一个角度来思考,譬如换一个角色,自己就是这件事的责任人,你将如何来更好地解决这些问题?

每天多做一点,初衷也许并非为了获得报酬,但往往获得的更多。

对詹姆斯·波帕尔一生影响深远的一次职务提升是由一件小事情引起的。一个星期六的下午,一位律师走进来问他,哪儿能找到一位速记员来帮忙——手头有些工作必须当天完成。

詹姆斯·波帕尔告诉他,公司所有速记员都去观看球赛了,如果晚来五分钟,自己也会走。但詹姆斯·波帕尔同时表示自己愿意留下来帮助他,因为"球赛随时都可以看,但是工作必须在当天完成。"

做完工作后,律师问詹姆斯·波帕尔应该付他多少钱。詹姆斯·波帕尔开玩笑地回答:"哦,既然是你的工作,大约800美元吧。如果是别人的工作,我是不会收取任何费用的。"律师笑了笑,向詹姆斯·波帕尔表示谢意。

詹姆斯·波帕尔的回答不过是一个玩笑，并没有真正想得到800美元。但出乎詹姆斯·波帕尔意料，那位律师竟然真的这样做了。六个月之后，在詹姆斯·波帕尔已将此事忘到了九霄云外时，律师却找到了詹姆斯·波帕尔，交给他800美元，并且邀请詹姆斯·波帕尔到自己公司工作，薪水比现在高出800多美元。

一个周六的下午，詹姆斯·波帕尔放弃了自己喜欢的球赛，多做了一点事情，最初的动机不过是出于乐于助人的愿望，而不是金钱上的考虑。詹姆斯·波帕尔并没有责任放弃自己的休息时间去帮助他人，但那是他的一种特权，一种有益的特权，它不仅为自己增加了800美元的现金收入，而且为自己带来一项比以前更重要、收入更高的职务。

因此，我们不应该抱有"我必须为老板做什么？"的想法，而应该多想想"我能为老板做些什么？"一般人认为，忠实可靠、尽职尽责完成分配的任务就可以了，但这还远远不够，尤其是对于那些刚刚踏入社会的年轻人来说更是如此。要想取得成功，必须做得更多更好。一开始我们也许从事秘书、会计和出纳之类的事务性工作，难道我们要在这样的职位上做一辈子吗？成功者除了做好本职工作以外，还需要做一些不同寻常的事情来培养自己的能力，引起人们的关注。

如果你是一名物流公司管理员，也许可以在发货清单上发现一个与自己的职责无关的未被发现的错误；如果你是一名邮差，除了保证信件能及时准确到达，也许可以做一些超出职责范围的事情……这些工作也许是专业技术人员的职责，但是如果你做了，就等于播下了成功的种子。

付出多少，得到多少，这是一个众所周知的因果法则。也许你的投入无法立刻得到相应的回报，也不要气馁，应该一如既往地多付出一点。回报可能会在不经意间，以出人意料的方式出现。最常见的回报是晋升和加薪。除了老板以外，回报也可能来自他人，以一种间接的方式来实现。

做一点分外工作其实也是一个学习的机会，多学会一种技能，多熟悉一种业务，对你是有利无害的。同时这样做又能引起老板对你的关注，你又何乐而不为呢？

主动且出色地去完成工作

一个老板不在就偷懒的人，一辈子只能是一个小员工，而一个老板不在身边却更加卖力工作的人，即使从事着最平凡的工作，最后也必能攀上成功的顶峰，一个人能否尽责、自动自发地去工作，往往决定了他的前途如何。

生活中，我们经常会发现，那些被认为一夜成名的人，其实在功成名就之前，早已默默无闻地努力了很长一段时间。成功其实是一种努力的累积，不论从事何种行业，想攀上顶峰，通常都需要漫长时间的努力和精心的规划。

如果想登上成功之梯的最高阶，你得永远保持自动自发、认真负责的精神，纵使面对缺乏挑战或毫无乐趣的工作，终能最后获得回报。当你养成这种自动自发地习惯时，你就有可能成为老板和领导者。那些位高权重的人是因为他们以行动证明了自己勇于承担责任，值得信赖。

自动自发地做事，同时为自己的所作所为承担责任，那些成就大业之人和凡事得过且过的人之间最根本的区别在于，成功者懂得为自己的行为负责。没有人能促使你成功，也没有人能阻挠你达成自己的目标。

美国著名作家阿尔伯特·哈伯德在十几岁时和大学期间做过许多工作。他修理过自行车（后来被解雇了），挨家挨户卖过词典。有一年，他整整一个夏天都在为一个选美比赛收集那些订出去而未收上来的票，那是一些中年人在甜言蜜语的推销者的劝说下订下的，但是他们根本无意去观看。哈伯德还做过数学家庭教师、书店收银员、出纳和夏令营童子军顾问，为了读完大学，他还替别人打扫院子、整理房间和船舱。

这些工作大部分都很简单，哈伯德一度认为它们都是下贱而廉价的工作。后来，哈伯德知道自己错了。这些工作潜移默化地给予他珍贵的教诲和经验，无论在什么样的工作环境中，也不管哪种工作档次，他都学会了不少东西。

拿在商店的工作来说吧，哈伯德自认为是一个好雇员，做了自己应该做的事——记录顾客的购物款。然而有一天，当他正在和一个同事闲聊时，经理走了进来，他环顾四周，然后示意哈伯德跟着他。他一句话也没有说就开始动手整理那些订出去的商品；然后他走到食品区，开始清理柜台，将购物车清空。

哈伯德惊讶地看着这一切，仿佛过了很久才醒悟过来。他希望哈伯德和他一起做这些事！哈伯德之所以惊诧万分，不是因为这是一项新任务，而是它意味着我要一直这样做下去。可是，从前没有人告诉哈伯德要做这些事——其实现在也没有说过。

此事使哈伯德受益匪浅。它不仅使他成为一名更优秀的雇员，还让哈伯德从每一项工作中学到了更多的教益。

这个教益就是一个人要对自己的工作负责，在事业上要更上一层楼，不仅仅做别人安排做的事情。

一旦获得了这个教益，以前哈伯德认为低俗的工作开始变得有意思起来。他越是专注自己的工作，学到的东西和克服的困难也就越多。后来哈伯德离开那家商店去上大学，但是这种经验对他的人生和事业的影响是深远的。他从一个旁观者变成一个认真负责的人。

每一位雇员在每一项工作中都要倾听和相信这一点，你可以使自己的生活好转起来。就从今天开始，就从现在的工作开始，而不必等到遥远的未来的某一天你找到理想的工作再去行动。

所谓的主动，指的是随时准备把握机会，展现超乎他人要求的工作表现，以及拥有"为了完成任务，必要时不惜打破成规"的智慧和判断力。一个优秀的管理者应该努力培养员工的主动性，培养员工的自尊心。自尊心的高低往往影响工作时的表现。那些工作自尊低的员工，墨守成规、避免犯错，凡事只求忠诚公司规则，老板没让做的事，决不会插手；而工作自尊高的员工，则勇于负责，有独立思考能力，必要时会发挥创意，以完成任务。

自动自发地去工作，主动要求承担更多的责任，那么你就永远也不必担心失掉工作，如果你能表现出胜任某种工作的素质，那么报酬和晋升也就会随之而来了。

永远不要满足于你的工作表现

生活中，一些员工对自己工作表现的评价常常是："凑合吧！比那些摸鱼的强多了！"这种想法是错误的，我们一定要不断提高对自己的要求，不断追求要好的工作表现，这样我们才能成为优秀的员工。

对于我们来说，一旦满足于自己尚可的工作表现，平庸将是你我的最后一条路。为什么可以选择更好时我们总是选择平庸呢？如果你可以在一年之外弄出一天，那为什么不利用这365天呢？为什么我们只能做别人正在做的事情？为什么我们不可以超越平庸？

如果一个人太容易满足的话，那么他也不会赢得奥林匹克竞赛。把金牌带回家的运动员必须超越已有的纪录。就像美国著名作家阿尔伯特·哈伯德所说的那样：

不要总说别人对你的期望值比你对自己的期望值高。如果哪个人在你所做的工作中找到失误，那么你就不是完美的，你也不需要去找借口。承认这并不是你的最佳程度。千万不要挺身而出去捍卫自己。当我们可以选择完美时，却为何偏偏选择平庸呢？我讨厌人们说那是因为天性使他们要求不太高。他们可能会说："我的个性不同于你，我并没有你那么强的上进心，那不是我的天性。"

超越平庸，选择完美。这是一句值得我们每个人一生追求的目标。有无数人因为养成了轻视工作、马马虎虎的习惯，以及对手头工作敷衍了事的态度，终致一生处于社会的底层，不能出人头地。

在某大型机构一座雄伟的建筑物上，有句很让人感动的格言。那句格言是:"在此,一切都追求尽善尽美"。"追求尽善尽美"值得做我们每个人一生的格言,如果每个人都能用这格言,实践这一格言,决心无论做任何事情,都要竭尽全力,以求得尽善尽美的结果,那么人类的福利不知要增进多少。

人类的历史,充满着由于疏忽、畏难、敷衍、偷懒、轻率而造成的可怕惨剧。比如在宾夕法尼亚的奥斯汀镇,因为筑堤工程没有照着设计去筑石基,结果堤岸溃决,全镇都被淹没,无数人死于非命。像这种因工作疏忽而引起悲剧的事实,在我们这片辽阔的土地上,随时都有可能发生。无论什么地方,都有人犯疏忽、敷衍、偷懒的错误。如果每个人都能凭着良心做事,并且不怕困难、不半途而废,那么非但可以减少不少的惨祸,而且可使每个人都具有高尚的人格。

养成了敷衍了事的恶习后,做起事来往往就会不诚实。这样,人们最终必定会轻视他的工作,从而轻视他的人品。粗劣的工作,就会造成粗劣的生活。工作是人们生活的一部分,做着粗劣的工作,不但使工作的效能降低,而且还会使人丧失做事的才能。所以,粗劣的工作,实在是摧毁理想、堕落生活、阻碍前进的仇敌。

所以要实现成功的唯一方法,就是在做事的时候,抱着非做成不可的决心,抱着追求尽善尽美的态度。而世界上为人类创立新理想、新标准,扛着进步的大旗,为人类创造幸福的人,就是具有这样素质的人。无论做什么事,如果只是以做到"尚佳"为满意,或是做到半途便停止,那他绝不会成功。

一位哲学家曾经说过:"轻率和疏忽所造成的祸患不相上下。"许多年轻人之所以失败,就是败在做事轻率这一点上。这些人对于自己所做的工作从来不会做到尽善尽美。

大部分年轻人，好像不知道职位的晋升是建立在尽责地履行日常工作的基础上的。只有尽职尽责地做好目前所做的工作，才能使他们渐渐地获得价值的提升。

相反，许多人在寻找自我发展机会时，常常这样问自己："做这种平凡乏味的工作，我的前途有什么希望呢？"可是，就是在极其平凡的职业中、极其低微的位置上，往往蕴藏着巨大的机会。只要把自己的工作做得比别人更完美、更迅速、更正确、更专注，调动自己全部的智力，从旧事中找出新方法来，才能引起别人的注意，使自己有发挥本领的机会，满足心中的愿望。

做完一件工作以后，应该这样说："我愿意做那份工作，我已竭尽全力、尽我所能来做那份工作，我更愿意听取人家对我的批评。"

成功者和失败者的区别在于：成功者无论做什么，都力求达到最佳境地，丝毫不会放松；成功者无论做什么职业，都不会轻率疏忽。

你工作的质量往往会决定你生活的质量。在工作中你应该严格要求自己，能做到最好，就不能允许自己只做到次好；能完成百分之百，就不能只完成百分之九十九。不论你的工资是高还是低，你都应该保持这种良好的工作作风。也唯有如此，你才能超越平庸，获得巨大的成就。

第三章　用心交际：
正确的为人处世之道才能结出好人缘

大多数人与人交往只是率性而为，说到"用心交际"，可能会觉得愕然：交际还需要用心吗？现代社会一个人的成功与否不仅在于个人能力，为人处世之道也十分重要。只有不断学习交际技巧，积累交际经验，修正为人处世的态度，才能结出好的人缘，才能为自己创造一个更加和谐和有推动力的生存环境。

树立诚实守信的社交形象

有一句话说："敦厚之人，始可托大事"，一个人如果不够诚实，不讲信用，往往在交际上成为两面派，在社会上成为唯利是图的小人，这样的人是不会交到真正的朋友的。交友如果不交心，一切都不会长久。人与人之间办事，需要相互以诚相待，真正的大丈夫要言而有信，诚实可靠。在与朋友交往中，要言行一致，信守诺言。孔子经常教育他的学生，要"言必信，行必果"，就是说，说话一定要算数，说到做到；办事儿一定要果断，不能犹豫不决。孔子一个名叫曾子的学生把老师的话时刻记在心上，每天晚上睡觉前，他都要进行反省："给人家办事儿，我做到尽心尽力了吗？对待朋友，我有没有不诚实、不守信用的地方呢？"曾子就是这样日复一日、年复一年地严格要求自己，成了一个很会办事的知名人士。

不论在生活上或是工作上，一个人的信用越好，就越能成功地打开局面，做好工作，你应对的客人愈多，你的事业就做得愈好。

所以，你必须真正做到言而有信，生活总是照顾那些讲话算数的人，食言则是最不好的习惯，你必须改正自己的缺点，成功地推销你自己。

不管你在什么情况下办什么事情，总要对自己所说的话负责。你用自己的行动去消除别人的怀疑，让他们亲眼看到你所做的都是为了他们的利益。为了遵守诺言，你可以放弃其他，给人一个可信的面孔。

历史上著名的改革家商鞅为了尽快实施自己的变法主张，不惜设定计谋树立"守信誉"的形象。

公元前350年，商鞅积极准备第二次变法。

商鞅将准备推行的新法与秦孝公商定后，并没有急于公布。他知道，如果得不到人民的信任，法律是难以施行的。为了取信于民，商鞅采用了这样的办法。

这一天，正是咸阳城赶大集的日子，城区内外人来人往，车水马龙。

时近中午，一队侍卫军士在鸣金开路声引导下，护卫着一辆马车向城南走来。马车上除了一根三丈多长的木杆外，什么也没装。有些好奇的人便凑过来想看个究竟，结果引来了更多的人，人们都弄不清是怎么回事，反而更想把它弄清楚。人越聚越多，跟在马车后面一直来到南城门外。

军士们将木杆抬到车下，竖立起来。一名带队的官吏高声对众人说："大良造有令，谁能将此木搬到北门，赏给黄金10两。"

众人议论纷纷。人们互相打探、询问……谁也说不清是怎么回事。因为谁都没听说过这样的事。有个青年人挽了挽袖子想去试一试，被身旁一位长者一把拉住了，说："别去，天底下哪有这么便宜的事，搬一根木杆给10两黄金，咱可不去出这个风头。"有人跟着说："是啊，我看这事儿弄不好是要掉脑袋的。"

人们就这样看着、议论着，没有人肯上前去试一试。官吏又宣读了一遍商鞅的命令，仍然没有人站出来。

城门楼上，商鞅不动声色地注视着下面发生的这一切。过了一会儿，他转身对旁边的侍从吩咐了几句。侍从快步奔下楼去，跑到守在木杆旁的官吏面前，传达商鞅的命令。

官吏听完后，提高了声音向众人喊道："大良造有令，谁能将此木搬至北门，赏黄金50两！"

众人哗然，更加认为这不会是真的。这时，一个中年汉子走出人群对官吏一拱手，说："既然大良造发令，我就来搬，50两黄金不敢奢望，赏几个小钱还是可能的。"

中年汉子扛起木杆直向北门走去，围观的人群又跟着他来到北门。中年汉子放下木杆后被官吏带到商鞅面前。

商鞅笑着对中年汉子说："你是条好汉！"商鞅拿出50两黄金，在手上掂了掂，说："拿去！"

消息迅速从咸阳传向四面八方，国人纷纷传颂商鞅言出必行的美名。商鞅见时机成熟，立即推出新法。第二次变法就这样取得了成功。

美国IBM计算机公司发展迅速，正是靠公司服务人员在产品的售后服务中，具有高度的责任心和持之以恒的辛勤工作以及他们信守诺言的美德。

一天，菲尼克斯城的一个用户急需重建多功能数据库的计算机配件。公司得知后，立刻派一位女职员送去，途中遇倾盆大雨，河水猛涨，封闭了沿途的14座桥，交通阻塞，汽车已无法行驶。按常理遇到这种特殊情况，女职员完全有充分的理由返回去，但她并没有被饥饿和中途的艰险吓倒，仍勇往直前，巧妙地利用原来存放在汽车里的一双旱冰鞋，滑向目的地，平时只有二十几分钟的汽车路程，今天却变成了4个小时的跋涉。女职员到达用户所在地后，又不顾旅途的疲劳，及时解除了用户的困难。

IBM公司正是以工作人员认真负责的工作态度和感人的行动，赢得了广大用户的赞誉。其计算机产品顿时成了用户争相购买的俏货，很快，这个公司的用户就遍布世界。

你要让你的信用代表你，让你的名字走进每一个与你打过交道的人心中，你要使他们信赖你，觉得你是一个可靠的人。

如果你以前没有运用这个秘诀，那么，从现在便开始吧！

总之，树立一个诚实、守信的形象会让你的交际之路更加宽广，会让你的事业迈上一个新的台阶，会让你在办事时有更多的成功胜算，从而让你的人生之路越走越宽广。

培养彬彬有礼的儒雅之气

君子的处事之风不受俗欲的牵绊。那种安详与从容的浩然之气证明了他们的生存境界远非外物所能左右，在与人交往时，总是礼数周到，尊重他人，平淡中显儒雅，泰然中显从容。

中国作为一个文化积淀深厚的文明古国。民族性较西方人更含蓄，因此，特别讲究礼节。由于传统文化的束缚，很多人太重视繁文缛节，使得人们对"礼"的认识发生偏差，现代中国人的礼仪观念也日趋淡漠以至于片面以为只有对长辈、上司，或想讨好对方时才讲礼节，对晚辈或与自己没有利害关系的人，就可马虎。

甚至还有人认为，礼貌只是社交上的一种手段，并没有其他价值。如果以这种态度来评断礼节，岂不是使人际关系变成"钱货两结"的交易关系，和做生意又有什么两样？难道"礼"真的只是人际关系中的虚假行为吗？

自尊是维持心理平衡的要素。每个人要维持心理的平衡和健康，都要有活得"理直气壮"的感觉，也就是处处受人尊重的感觉，才能进一步肯定自己存在的价值。所以，尊重、体谅等"礼"节，绝不是规章条文，也不是虚假问候，而是发自内心最基本也最真诚的行为。是谦谦君子之风的体现，是一种高质量生存境界的体现。

俗话说："先学礼而后问世。"学些什么礼呢？彬彬有礼的态度是怎样的呢？没有人生下来就懂礼，家庭、学校、社会，逐渐教导我们成为一个具有彬彬风度的人。以利于我们的生存，建立一种良好的个人形象。

所以，礼，绝不能，也绝不是只讲求形式的，要保持彬彬有礼的态度，一定要从对别人的关心出发，在现实生活中，随时随地贯彻关心朋友、关爱朋友的精神，在社交场合中，自然也就能以平实有礼的态度与人交往和沟通。

做到彬彬有礼不是一件难事，但要做到时时保持彬彬有礼的态度，也不是件容易的事。因为这种态度并不只是"鞠躬如也"就可涵盖的，它在某种程度上反映了个人的修养道德。有人说："要学习礼节，最好是从公共场合待人接物做起。"这话非常恰当，只要平常多留心人们交往时的各种行为，就不难学习到许多待人接物的做法。

例如，乘车时，男士应该让女士先上车；陪同女士到某处去，抢先一步为她开门；进入室内后，为她脱外套、拉座椅，此外，当你想抽烟时，除征询她的同意外，应先向她敬烟、点烟。这些动作绝非装腔作势，故意卖弄，实在是必要的礼貌，不过做时态度要自然大方，才不会弄巧成拙。

搭乘火车或其他交通工具时，如果遇见女性携带行李或较重包裹，也应代为取放，因为女人力气较小，提取不方便，男人体魄健全，轻而易举之事，何不效劳？

陪同女子上街时，则应走在道路外缘保护她，或帮她提较重的物品。如遇下雨时，更应替她撑伞。走在泥泞的路上，也应让女伴挽住你的手臂，以免滑跌或摔跤。人群拥挤时，则应先行一步，为她开路。

与女友相偕欣赏电影却迟到时，应牵着女方的手，由服务员带路或小心地去找座位，切勿把女友丢在黑暗中不顾，那是非常不礼貌的行为。

日常有女性需要帮忙时，也应热诚而主动地为她效劳。不过服务宜适可而止，切忌热心过度。比方说，你可以代提行李，却不必替她拿帽盒、手提袋、遮阳伞和花花绿绿的包装物；陪女子遛狗，可以帮她拉系狗的皮带，但要是抱在怀中的小型宠物，就大可不必代劳。

礼貌欠周令人不快，礼貌过多也令人难堪，唯有恰到好处，因应时宜的礼貌才会让人觉得自在。"出乎礼，止乎礼"，温文尔雅的君子风度是社会交往中男士应有的品位与修养。

尝试站在对方的立场考虑问题

一个不会站在对方的立场考虑问题的人，永远都不知道别人需要什么。所以，大多数情况下，他们所做的努力都不会给自己带来太大的益处。有时反而会适得其反。许多生存条件优越的人、人缘较好的人通常都善于站在别人的立场上去考虑问题。因此，他们利用这一点既可以制约别人，也可以帮助别人。这种思考方法让他们在人缘的维护问题上做到了恰到好处。

某个犯人被单独监禁。有关当局已经拿走了他的鞋带和腰带，他们不想让他伤害自己（他们要留着他，以后有用）。这个不幸的人用左手提着裤子，在单人牢房里无精打采地走来走去。他提着裤子，不仅是因为他失去了腰带，而且因为他失去了15磅的体重。从铁门下面塞进来的食物是些残羹剩饭，他拒绝吃。但是现在，当他用手摸着自己的肋骨的时候，他嗅到了一股万宝路香烟的香味。他喜欢万宝路这种牌子。

通过门上一个很小的窗口，他看到门廊里那个孤独的卫兵深深地吸一口烟，然后美滋滋地吐出来。这个囚犯很想要一支香烟，所以，他用他的右手指关节客气地敲了敲门。

卫兵慢慢地走过来，傲慢地哼道："想要什么？"

囚犯回答说："对不起，请给我一支烟……就是你抽的那种：万宝路。"卫兵嘲弄地哼了一声，就转身走开了。

这个囚犯却不这么看待自己的处境。他认为自己有选择权，他愿意冒险检验一下他的判断，所以他又用右手指关节敲了敲门。这一次，他的态度是威严的。

那个卫兵吐出一口烟雾，恼怒地扭过头，问道："你又想要什么？"

囚犯回答道："对不起，请你在30秒之内把你的烟给我一支。否则，我就用头撞这混凝土墙，直到弄得自己血肉模糊，失去知觉为止。如果监狱当局把我从地板上弄起来，让我醒过来，我就说这是你干的。当然，他们绝不会相信我。但是，想一想你必须出席每一次听证会，你必须向每一个听证委员证明你自己是无辜的；想一想你必须填写一式三份的报告；想一想你将卷入的事件吧——所有这些都只是因为你拒绝给我一支劣质的万宝路！就一支烟，我保证不再给你添麻烦了。"

卫兵从小窗里塞给他一支烟吗？当然给了。他替囚犯点上烟了吗？当然点上了。为什么呢？因为这个卫兵马上明白了事情的得失利弊。

这个囚犯看穿了士兵的立场和禁忌，或者叫弱点，因此达到了自己的要求——获得一支香烟。松下幸之助先生就是从这个故事里联想到自己：如果我站在对方的立场看问题，不就可以知道他们在想什么、想得到什么、不想失去什么了吗？

凭借这条哲学，使得他与合作伙伴之间的谈判突飞猛进，人人都愿意与他合作，也愿意做他的朋友。

松下电器公司，能在一个小学没读完的农村少年手上，迅速成长为世界著名的大公司，就与这条人生哲学有很大关系。站在对方的立场考虑问题，你会发现，对方的所思所想、所喜所忌，都进入你视线中。在各种交往中，你就可以从容应对，要么伸出理解的援手，要么防范对方的恶招。

站在对方的立场上想问题，就如你在战场上知道了敌军的动向一样，让你每一步都胜券在握。

掌握好朋友间的距离

我们生存于这个世界，朋友是必不可少的。但要让友情保鲜却需要一定的技巧。因为并不是没有距离的友情就表示双方的亲密和信赖。

生活中，经常会有这样的事发生。一些好得不得了的朋友，最终还是散了，有的缘尽情了，有的则不欢而散。

虽然朋友失去了还可以再交，但新的朋友未必比老朋友好，失去友情更是人生的一种损失。为了避免失去朋友，让多年的友情随风而散，一定要保持距离！

人为什么会有"一见如故"、"相见恨晚"之感，就是因为被彼此的气质互相吸引，一下子就越过鸿沟而成为好朋友，这个现象无论是在同性还是异性之间都一样。但两个人不管相互之间的吸引力有多大，他们毕竟是两个不同的个体，彼此所处环境不同，所受教育不同，因此人生观、价值观再怎么接近，也不可能完全相同，如果没有差异那就是两个同一体了，就不存在彼此之间的吸引力了。正如一对处于"蜜月期"的新婚男女一样，当两人的蜜月期一过，便不可避免地触碰彼此的差异和缺点，并且这种差异表现得越来越多，结婚之前，他们一直在求同，眼里闪烁的总是对方的优点，而经过一个阶段后，求同的动力变小，差异就显露出来。于是从尊重对方开始变成容忍对方，直至最后要求对方！当要求不能如愿，便开始背后挑剔、批评，然后人离情散。

密友之间交往的艺术与夫妻之间相处的艺术有些相同之处，所以要"保持一定的距离"，这也是朋友相处的艺术之一。如果你有了自己的"好朋友"，与其因为太接近而彼此伤害，不如适度保持距离，以免碰撞，而且还能增进对方的感情。

所谓"保持距离"，简单地说，就是不要过于亲密，一天到晚形影不离。也就是说，心灵应贴近，但形体应该保持距离。

柴可夫斯基和梅克夫人是一对相互欣赏而又从来未见过面的极其要好的朋友。梅克夫人是一位酷爱音乐、有一群儿女的富孀，她在柴可夫斯基最孤独、最失落的时候，不仅给了他经济上的援助，而且在心灵上给了他极大的鼓励和安慰。她使柴可夫斯基在音乐殿堂里一步步走向顶峰。柴可夫斯基最著名的《第四交响曲》和《悲怆交响曲》都是为这位夫人所作。

他们从未见过面的原因并非他们两人相距遥远，相反他们的居住地仅一片草地之隔。他们之所以永不见面，是因为他们怕心中的那种朦胧的美和真挚的情感，在一见面后被某种太现实、太物质的东西所代替。

不过，不可避免的相见也发生过。那是一个夏天，柴可夫斯基和梅克夫人本来已安排了他们的日程：一个外出，另一个决定留在家里。但是这一次，他们终于在计算上出了差错，两个人同时都出来了，他们的马车沿着大街渐渐靠近。当两驾马车相互错过的时候，柴可夫斯基无意中抬起头，看到了梅克夫人的眼睛。他们彼此凝视了好几秒钟，柴可夫斯基一言不发地欠了欠身子，梅克夫人也同样表示了一下，就命令马车夫继续赶路了。

在他们的一生中，这是他们最亲密的一次接触。

对于柴可夫斯基和梅克夫人，他们之间的这种相处既不越礼、又可以保持彼此之间的那种美好与那种赤裸裸的无间隙的亲密关系相比，这份情感则更显高贵和纯净。

"保持距离"能使双方产生一种"礼"，有了这种"礼"，就会相互尊重，避免碰撞而产生矛盾。但运用这一技巧时，一定要注意一个"度"，如果距离过大，就会使双方疏远，尤其是现代商业社会，大家都在为自己的事业奔波，实在挤不出时间，这样很容易忘了对方，因此一对好朋友也要经常打个电话，了解对方的近况，偶尔碰面吃吃饭，聊一聊，否则就会从好朋友变成一般的朋友，最后变成只是熟人罢了，两人的友情等级会逐渐递减！

有人说"好朋友最好不要在工作上合作"，有一定道理。

一天，公司来了一位新同事，他不是别人，正是你的好友，而且，他将会成为你的搭档。上司将他交托与你,你首先要做的是向他介绍公司的分工和其他制度。这时候,不宜跟他拍肩膀,以免惹来闲言闲语。

私底下,你俩十分了解对方,也很关心对方,但这些表现最好在下班后再表达,跟往常一样,你俩可以联袂去逛街、闲谈、买东西、打球,完全没有分别,只是,闲暇时,以少提公事为妙。

所以,无间并不代表关系的亲密,适当地保持距离是保证美好情感的最好方式。给他人空间就是给自己空间。聪明的人不会让别人靠得太近,也不会靠别人太近。他们使自己的生存空间收放自如。因此,他们的人生也显得境界优雅洒脱、逍遥自在。

做人低调才能走好入世路

低调的人生是一种修养、一种境界、一种风度、一种只有少数人才能有的情怀。以低调入世者,因为具备了人性中最具光辉的人格魅力,而颇能伸缩自如,避重就轻。那张永不骄慢、张扬、卖弄的脸让人感到亲切无比,那种平淡、优雅、从容的举止让人乐与之为伍。因此,即使他们一时有难身边也不乏援手。所以,他们的生存之路因为有了这些资格所以走的游刃有余。光辉灿烂。

孟买佛学院是印度最著名的佛学院之一。这所佛学院之所以著名,除了它的建院历史久远、培养出了许多著名的学者之外,还有一个特点是其他佛学院所没有的。这是一个极其微小的细节，但是，所有进入过这里的人，当他再出来的时候，几乎无一例外地承认，正是这个细节使他们顿悟，正是这个细节让他们受益无穷。

原来孟买佛学院在它的正门一侧，又开了一个小门，这个小门只有一米五高，一个成年人要想过去必须低头否则就只能碰壁了。

这正是孟买佛学院给它的学生上的第一堂课。所有新来的人，教师都会引导他到这个小门旁，让他进出一次。很显然，所有的人都是低头弯腰进出的，尽管有失礼仪和风度，但是却可以使人有所领悟。教师说，大门当然出入方便，而且能够让一个人很体面很有风度地出入。但是，有很多时候，我们要出入的地方并不都是有着壮观的大门的。这个时候，只有暂时放下尊贵和体面的人，才能够出入。否则，有很多时候，你就只能被挡在院墙之外了。

佛学院的教师告诉他们的学生，佛家的哲学就在这个小门里，人生的哲学也在这个小门里，尤其是通向这个小门的路上，几乎是没有宽阔的大门的，所有的门都是需要弯腰低头才可以进出。

我们不是佛教徒，但我们同佛教徒一样，要走完自己的人生之路。要使自己在人生旅途中一帆风顺，少遇挫折，弯腰、低头是最好的入世方式，对每个人来说这都是一门必不可少的人生功课。而低调做人正是这种人生功课的最佳境界。

无论顺境、逆境，低调一点终归没有害处。倘若你还未学会低头、弯腰地通过人生的那道门，碰壁就在所难免。而当你在碰壁了之后才学会弯腰、低头，只怕通过的时候也已错过了最好的境遇。因此，不要等到吃亏了才知道该长一智。

汉武帝时，霍去病、霍光兄弟担任大将军，成了朝廷中得势的大臣。武帝死后，霍光执掌大权多年，辅佐汉昭帝，拥立汉宣帝，成为几朝重臣。朝廷上下，人人对他敬畏三分。

汉宣帝登基后，为了报答霍光拥立自己做皇帝的大恩大德，竟然放手让霍光一人执掌朝政，并赐给霍光家族许多特权，从而打开了霍光骄奢的口子。霍光一家骄横奢侈，不可一世，茂凌人徐福曾经指出："霍氏必亡。凡奢侈无度，必然傲慢不逊；傲慢不逊，必然冒犯主上；冒犯主上就是大逆不道。身居高位的人，必然会受到别人的嫉恨，霍氏一家长期把持朝政，遭到很多人的嫉恨；众人嫉恨，又做出大逆不道之事，怎么可能不灭亡呢？"徐福对霍氏的提醒和警告，说得再清楚不过了，身居高位者，权势这样大，又好揽权弄权，就必然排斥异己，一切活动都是为了自己的权力，这样就会深受同僚及下属的嫉恨，何况又独揽朝政，傲慢侮上？所以霍氏必亡。后来，霍光病故，汉宣帝才亲自执政。这时霍家的人不甘心交出大权，霍光的妻子和儿子们密谋策划，妄图废掉皇帝，重温朝政完全由霍家执掌的美梦。因阴谋败露，终至霍氏全族被杀。

古人说："惟彼愚人，招权不已，炙手可热，其门如市，生杀予夺，颐指气使，万夫胁息，不敢仰视，苍头庐儿，虎儿加翅，一朝祸发，迅雷不及掩耳。"

可见，人生祸福难料，入世的基调太高，即使权贵绝顶一朝败之之时，也难免落入绝境。到那时想必更悲惨。而且，这种事例从古到今一直都在重复上演，只可惜能够从中吸取教训，把握自己的人却很少。其实我们没有必要傲视他人。低调一点，和别人保持平等不是更能显示我们的修养和境界吗？

不做无原则的忍让

在与人交往时，我们要学会隐忍，忍是中华民族传统美德之一。勤劳、质朴、吃苦、耐劳这种精神任何时代都应提倡和发扬。忍对他人来说是尊重，对自我则是一种约束和克制，有忍耐力的人实际上是有修养、有自制力、有知识的人。但是"忍"也要有一个度，我们不能没有原则地忍让。一个人如果不敢坚持原则，以牺牲根本的东西来换取一时的风平浪静，那么这样的人就只能是人们眼中的"窝囊废"。是软弱、无能的代名词，为人们所唾弃。

不敢坚持原则的人主要原因是不敢付出代价，以原则做交易，以牺牲原则来保住自己看重的那一点点其实价值不大的东西。坚持原则虽然有时可能会得罪别人，但却能保住自己的根本利益，在众人眼中树立起一个敢于维护原则的好形象，有利于工作和个人的长久发展。所以，千万不能一味地忍让，不能丢掉忍耐的最后极限。

人是应该看重原则的，虽然有时候出于一些不得已的原因，一些小的、非原则的事情可以不放在心上，但当根本原则受到侵犯时，就不能再无动于衷，麻木不仁了。

我们知道，量与质是对立统一的，质的变化是由量变引起的，事物的性质在一定的范围之内，不会出现根本性的变化。而一旦超出了这个度，事物的性质便会出现新的特点，正如水在一百度之内仍然是液体，可一旦烧开便变成了气体一样。在对待忍的问题上，也有一个度。

为了帮助你掌握好忍的度，我们提供了以下几个大概的原则供你参考：

第一，不能忍无止境。

也就是说，你对同一对象的忍，可以一次、两次，但决不可一让再让。对待这种人，在经过几次忍让之后，看清了其真面目，则不应再忍下去，可以适当地反击对方，给对方一点颜色看看。

第二，当对方的欲望膨胀到一定程度时，必须予以坚决反抗。

有时对方的一些过分之举在你看来是区区小事，不必放在心上的，但对方可能会认为你软弱好欺，因而得寸进尺，触及一个人做人做事的原则底线，这时你就不能一味忍让。否则的话，你就是没有原则之人了，也更加助长了对方的气焰，使其恶性膨胀。因此，每当遇到这种情况，你应该坚持自己的原则，予以坚决反抗。

第三，恶棍在光天化日之下大行其恶，不能忍让。

忍无可忍的情况有时也会出现在一些公共场合之中。有些人以为别人也不认识自己，而且以后彼此间很难相遇，因而处于一种相对匿名者的状态中。这种场合往往使人在一定程度上淡化了责任感，也会不同程度地丧失自己的良知，因而发生和做出一些过分的行为。例如，在火车上、在公园里、在公共汽车里等等。在这种公共场合中，有些老实人常常抱着一种尽量少惹麻烦的心理，对于一些过分的、带有攻击性的行为持"忍"的态度。这种息事宁人的态度，有时不但不能使大事化小，小事化了，而且还可能助长了对方的气势，使其更加咄咄逼人。因此，对待这种情况下的恶人，必须以硬对硬，以毒攻毒，反正他也不知道你的底细，只要有把握，就可以坚决反击对方。如果一方是咄咄逼人，另一方却又是息事宁人，很容易造成一种有利于某些人不断膨胀其侵犯心理的环境和条件。但是，也恰恰是在这种情况下，由于有些人肆无忌惮地一意孤行，也很容易地把人们逼到一种忍无可忍的地步，进而做出奋起还击的行为。

要保持自己的骨气，把自己的刀剑插入刀鞘，但需要自卫时要毫不犹豫地拔出来。既然你已经躲不过去了，不如趁早解决的好。千万不要再一味地忍让下去了。

我们在人际关系中需要把握好"忍"这个度。在一些无关紧要的、不涉及原则的小事上当忍则忍。但一旦触及我们做人做事的原则，甚至超过了原则的底线，我们就一定不能再忍下去，否则不仅助长了某些人的嚣张气焰，更丧失了我们的做人原则，这一点务必希望大家引起高度的警惕。

中篇 用智

以策略性的方式生存

生存也要讲策略。在人生的旅途中每一次选择都是改变方向的一个岔路口。信马由缰的生存方式是把自己的未来交给了所谓命运，其结果注定是走进死胡同。要学会运用智慧的力量，以策略性的方式，为自己寻求最佳的生存状态。

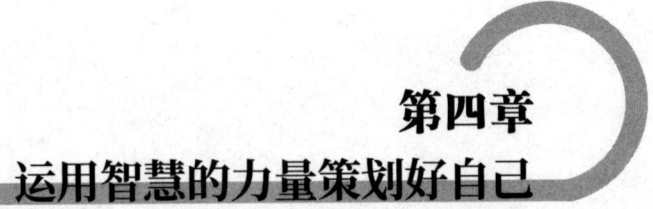

第四章
运用智慧的力量策划好自己

对自己的人生进行策划，是一种主动的生活态度，是对大多数人随波逐流、碌碌无为之现状的反证。人生策划的首要问题就是自己要向哪个方向走，即要达到一个什么样的人生目标。正确而到位的策划需要非同一般的智慧，既要洞悉世事，又要把握自己。学会以智慧的力量策划自己，是人生成功需要迈出的第一步。

时刻清楚自己要干什么

清楚自己需要什么，清楚从目前所处的地位达到内心所想要的地位要经过什么路程，而且不因自己的所成之事而自满，这样的人就可能成为高峰之巅的人物。那么一个人怎么晓得他需要什么呢？那些大人物的伟大志愿不是与生俱来的，他们是根据许多经验，以及留心别人所未见到的东西而产生的，他们的创造力是后天才培养的、感悟的。

做事切忌拖泥带水，每天都有每天的事要做，昨天、今天和明天，每天都是一个全新的自我，而非徘徊于一件事，拉磨般地把自己搞得晕头转向。

强迫自我转向另一件事与缺乏自信是做事的大忌。在兴趣热忱浓厚的时候做一件事，在兴趣热忱消失了之后又转向另一件事，在兴趣热忱浓厚时，做事是一种喜悦；兴趣热忱消失时，做事是一种痛苦。

搁着今天的事不做而想留着明天做，就在这种拖延中所耗去的时间、精力，实际上早就可以把这件事做好了。做以前积压下来的事，还会有一种沉闷迂腐的感觉。

有计划而不去执行，使之烟消云散，这对于我们的品格力量会产生非常不良的影响。有计划而努力执行，就能增强我们的品格力量。有计划不算稀奇，能积极执行定下的计划才算可贵。

一个生动鲜明的形象闪入作家的脑海，他应立即动笔把它写下来，否则那个意象定会逐渐模糊、暗淡，最终消失。

一个玄奇曼妙的印象袭入艺术家脑中，他应立即挥毫将其绘在画布上，否则灵感就会逐渐被时间埋葬。

塞万提斯说：

"取道于'等一会'之街，人将走入'永不'之室！"

这句话说得太深刻了。

印象，霎时的灵光总是让人记忆犹新而忽略其内涵，这究竟是为什么呢？

就是因为这些印象原是要我们在其新鲜灵活时，立刻就去实现的。

拖延往往会造成惨淡结局。凯撒因为接到了报告没有立刻展读，导致一到议会便丧生；拉尔上校正在玩牌，忽有报告送到，说华盛顿的军队已到拉华威，他却只顾玩牌直至牌局结束，兵临城下才阅读，结果他成了刀下鬼，而且更惨痛的是全军覆没。

鞋里一粒沙，行人却只顾着行程而不愿将之及时倒出，最终脚破血流而延缓了行程，类似的事例数不胜数。

每个奢望成功的人都应摈弃拖延，时刻牢记下一步要做的事，否则你的成功将永远是奢望。

一旦发现有拖延的心理要立即警觉自己，不管事出有因或怎样的困难，立刻动手去做不要畏难、不要偷安；这样久而久之，你就能扼杀那拖延的倾向。

"拖延"是蛀虫，最终会蚀掉你的一切，它会窃去你的时间、品格、能力、财富与自由，而使你成为它的奴隶，因此我们一定要坚决彻底地消灭它。

要医治拖延的习惯，唯一方法就是，事务当前立刻动手去做。多拖延一分，就足以使事情难做十分。

"要做立刻去做！"这是成功人士的格言。凡是恪守此言之人均会有辉煌的将来。

日军侵占马尼拉时，菲律宾海军的一名文职雇员被捕了。他先是被囚在一个军营，之后送往集中营，他的名字叫哈蒙。就在到达集中营的第一天，哈蒙看见一个难友的枕头底下有一本书。这本书叫做《人人都能成功》，他向难友借阅了这本书。在哈蒙阅读本书之前，他的情绪糟透了，他恐惧地想着在集中营里可能遭受的折磨，甚至死亡。但是，当他读了这本书时,他就被希望所鼓舞了。他渴望拥有这本书,让它同自己一起去迎接前面那些悲惨的日子。哈蒙在同难友讨论《人人都能成功》中的问题时,认识到这本书是他自己一笔巨大财富。

"让我抄下这本书吧!"他说。

"当然可以。你开始抄啊!"这是回答。

于是他立即动笔,夜以继日,分秒必争,因为心爱的东西随时有可能被剥夺的境况激励着他。

真是幸运,哈蒙在抄完这本书的最后一页后不久,他就被转移到臭名昭著的圣多·托马斯城集中营。而哈蒙之所以能及时完成抄书工作,是因为他及时开始这项工作。哈蒙在三年零一个月的囚犯生活中随时都带着这本书,把它读了又读。这本书给他丰富的精神食粮;鼓舞他产生勇气,制订未来计划,保持并增进心理和生理上的健康。

圣多·托马斯监狱的囚徒身心受到了永远的摧残,恐惧吞蚀着他们——他们恐惧现在、恐惧未来。

"但是,我在离开圣多·托马斯时觉得好多了。经历了意想不到的磨难,我会以更美好的心态去迎接新生活。"

哈蒙不断地告诉身边的朋友:"成功必须不断地实践,否则它会长上翅膀,远走高飞。"

获得卓越单凭渴望仍然不够,因为获得成功的欲望只不过是打开了一扇通往成功圣殿的大门,你必须还要经过长长的旅程才能到达终点——梦想中的成功。

成功不只是欲望,更应结合行动。

另一方面,想法太多,或者要想实现的目标太多,跟没有想法、没有目标其实是等同的。

褐色皮肤、英俊潇洒的李立儿时就是游泳健将，经常参加比赛。"自幼，别人就从两方面来看我们。"他说，"一方面看我们是谁，一方面看我们有何行为。我总是因为比赛成绩优秀受到称赞。"

因此李立不断追求成就。他的辉煌从一幢建筑物开始，然后变成两幢，名气愈来愈响亮，业务不断扩充发展。最后，李立的事业扩张到自己都弄不清楚究竟涉足了多少生意。

"我兼营制造业、中介业务、管理事业、旅馆经营、公寓改建等，每一种行业我都想发展。我非常兴奋，不知道什么是自己做不到的，所以想试探自己的潜能。我常在早上起床看到报纸上赫然印着自己的名字，感觉相当舒服。然后再看一遍，感觉更舒服。凡事愈大愈多就愈好。"

有一天，银行打电话通知他的公司已过于膨胀，缓付款也已到期，要求偿还贷款。李立就这样崩塌了。刚开始李立责怪每一个人，把错误归咎于银行、社会经济形势或公司员工身上。最后，他终于认识到了症结所在：

"我知道自己太自私了，我走得太快、太远，不知道自己的能力有一定的限度。面对新机会时我不说：'这类生意我不做。'反而说：'为什么不做？我什么生意都做。'我就是太好大喜功。由于事事都想插手，结果无法把精力集中在某一件事情上面。哪一个问题最迫切需要解决，就成为我的当务之急。我错把时间上最紧急的事当作最重要的事。"

李立明白了自己的失误，立即周密筹划部署，重整旗鼓，去攻克自己唯一的目标。

李立最擅长的是房地产开发。经过几年的拮据与苦撑，由于他精心地经营，逐渐有了起色。现在他再度成为纽约的百万富翁，而且可喜的是对自己能力的限度了解得更清楚了。

若是现在李立脑中再次闪现"事事想插手"的念头，另一个脑电波立即会将其搏倒——我只需做好自己该做的，把那些机会留给适合它们的人吧！

选择并调整自己的生活

在现代社会中，有许多人，为自己的前途和未来做了一番精细的策划，体验了不同的生活。我们来看看美国首富比尔·盖茨的人生经历吧。

盖茨于1955年10月出生在美国西北部城市西雅图，小时候并没有什么超人之处。当他八岁时，由于某些原因，母亲带他去看一位心理医生，那位医生给了他充分的信任，而那种信任在他战胜生活的挑战中起了不可估量的作用。因此，从那时候，他就明白了要从生活中得到什么以及如何达到目的。

这使他在读大学时就具有了从心理和技能上去改变自己的命运的愿望。1972年，盖茨创立TRAF—O—DATA公司，不久，他又发明了BASIC—6800信息语言，简化了数据处理器的使用。这样好的成绩使他毅然中断了为继承父业在哈佛大学法律系的学习，全身心地投入了新的计算机通用语言的创作，几年后微软操作系统诞生了。1980年盖茨的母亲——华盛顿大学的校长通过朋友关系把盖茨的发明介绍给了第一个推出个人电脑的 IBM 公司，这样盖茨的聪明有了一定的用武之地。在与 IBM 公司签订了大宗供货合同后，盖茨的新系统 MS—DOS 很快占领了市场。从此，盖茨的事业蒸蒸日上，一发而不可收，他设计的新程序源源不断地开发出来，他设计的"窗口"系统每月可卖到上百万美元。盖茨的口号是"分享一切"。他那坐落在西雅图附近的雷德蒙德微软公司总部让人觉得像一个大学的运动场，里面尽是花园和飞瀑。星期天职员们在这里打垒球，到健身房锻炼、去看电影、听音乐会，他们穿着印有"你的同事是你最好的朋友"字样的上衣，大家都对他深信不疑，盖茨的魅力不可抗拒。尽管盖茨已身价百倍，但他依然架着那副蓝边眼镜，衣着也不讲究。

盖茨在生活中，他放弃了哈佛大学的学业而选择投入自己感兴趣的专业中，体验了与大学不同的生活。可以说在踏入自己选择的专业时，一定做了充分的准备，这也需要一定的勇气。因此，我们在社会中，一定要干自己想干的事，有利于社会发展的事，你的命运是掌控在自己手中的。

人才的成长是一个比较长的过程，而且随着社会的发展，很多因素也会影响到我们最初的人生策划，因此，必要时我们要对自己的策划进行适当的调整，即所谓的人生选择。

有大量取得卓越成就的成功者在自己人生的过程中进行过重大调整。

孙中山、郭沫若、鲁迅，早年都是学医的，但由于他们的生活环境及客观条件的变化，每个人都先后进行了人生大目标的调整。

孙中山后来投身政治，为了推翻清王朝，创建中华民国，他作出了许多卓越的贡献，成为中华民国第一任大总统。

鲁迅献身文学，成为中国新文学的倡导者之一。

郭沫若则亦文亦政，不仅是中国现代文学的巨匠，而且还参加过南昌起义，担任过新中国中央政务院副总理等高级领导职务。

以上三个成功卓越者，根据自身不同的需要，都先后把学医之志调整掉了。

由于人生目标的变动，我们的计划也要随之调整，为了更好地适应另一种生活，就需要我们在体验生活的过程中不断改善自己。

人们确立自己的人生目标，大多是根据当时当地的实际环境与自身某些主观愿望及其他相关条件制定的。随着时间的推移、现实环境的变化、自身思想的变化、生活经验的增加以及其他条件的改变，人生目标有所调整便是自然的事了。

有时候，选择是躲不掉的，在以往时期，人们无论干什么事情，都被一定的模式限制着，使人们没有想象的空间，没有充分发挥自己才能的地方，形成了人们把选择的责任交给别人的习惯。而今随着社会主义商品经济的发展、经济的变化以及人们自我意识的提高，人们开始逐渐认识到没有绝对适应一切人、一切场合的标准，人们认为应该在顺应历史前进潮流的前提下，做出适合自己的最佳选择。而且，当代社会本身也呈现出了多元化的变化，一体化的思想开始解体，人只剩下了他的个体，社会将逼着人们选择，甚至你不选择也是一种选择。

选择即机会，选择越多机会也就越多，有时会因有过多的选择机会感到困惑而不知所措，如果几个机会撞在一起时，让人苦恼不堪，拿不定主意，也正是这各种各样的机会，才能够使人在做出选择时，对自己重新认识，再进一步进行选择策划。

第一，自己认识的调整。正确地认识自己，是自我策划的前提。每个人要根据自己的特点，选择一种属于自己的生活。马克思青年时代曾立志当一个诗人，中学时代就表现出写作讽刺诗的才能，大学阶段参加过"花环社"创作诗歌。可是后来，马克思发现自己诗歌天赋平平，没有多大的发展潜力，他说："看了最近写的这些诗，才突然像叫魔杖打了一下似的……一个真正的诗歌的王国像遥远的仙宫一样在我面前闪现了一下，而我所创作的一切全部化为灰烬了。"马克思焚去留存的诗稿，对自我策划进行了调整，转向了探索哲学奥秘的道路，这就是通过对自己的认识而做的调整。

第二，根据社会发展需要调节。包括自我本身的主动调节和服从组织调动的被动调节。鲁迅弃医从文就属于主动调节。何其芳本是一位有才华的诗人，1938年奔赴延安，被党委以文艺理论研究的重任，这属于被动调节范围。人是社会中的人，根据社会需要进行调节，是自我策划中常有的事，在抗日战争、解放战争期间，科学家、文学家投笔从戎，新中国成立后又有许多将军脱下军装，开始从事一些社会中的经济、文化、宣传等工作。

第三，根据自身才能发展调节。在个人才能发展过程中，锻炼出了更适合自己发展的新才能，这就需要我们对自我策划进行调整。作家孟伟哉虽然自幼喜欢语文课，喜欢作文，但并没有立志成为一名作家。他小学毕业后参了军，在部队他学着写墙报稿、通讯报道和编快板之类的演出节目，1950年他所在部队要开赴朝鲜，由于他担任部队宣传员，为了工作的需要，开始写通讯、短篇小说、诗，1954年他正式发表了第一篇短篇小说，随后又写出了长篇小说《昨天的战争》。就这样在实践过程中，他的才能不断发展，同时，他也不断地调整目标，终于成为一名卓有成就的作家。

当然，这只是选择中的几种，我们在社会中，在体验不同的生活过程中，一定要审时度势，进行一定的选择调整，当你选择好目标时，可能有成败两种结果。成功之后，你的环境与条件又有了新的变化，如果要想取得更大成功，必须根据新情况做出各项选择，不成功，说明选择的目标与现实不符，或环境有所变化，便必须做出相应的调整和选择。

在正视现状的前提下策划自己

现状是什么？对现在每一个活着的人来说，最大的现状就是"活着"，即生命的存在性，但生命并不是自私地活着就好，真正成功的生命是要将焦点从"如何自助"转变为"如何助人"。

知名作家威廉·丹佛斯在《自我挑战》一书中就曾经提到："热心助人，生命就会更加丰富。"因此，每当你自觉生活偏离了重心，请记住需要内省一番；此时，只需将重心转向帮助别人，别人就会十倍地回报你。你越是能够丰富他人的生活，就越能取得成功。1991年，音乐家兼作曲家比利·乔在费尔德大学的毕业典礼上曾说："虽然我们清楚如何定义奉献，不过，如果你做到力所能及之事，或许那就够了。希望你们能够了解，你能为他人提供的最大奉献，就是实现你心底的愿望，并尽力做你自己。即便你可能像所有人一样会跌倒、失败，只要你能奉献自己的特质、优点、长处、创意，就可以让世界变得更好，这就是你能为社会及人群提供的最大奉献。如果你能够做到这一点，以后你将会克服你将遇到的任何大大小小的逆境。"

现状是什么？现状就是看你如何看待困境。

对于大多数人来说，所要适应的现状一般来说就是要适应"困境"，因为它是所有现状中最会引起人们注意，也是最让人恐惧的。下面就请看一则故事，内容是叙述生长在贫穷家庭里的两个兄弟，由于长期受到酗酒父亲的虐待，最后他们选择了离开家里，各自出外奋斗。多年后，他们应邀参加一项针对酗酒家庭的研究活动。这时的哥哥早已成了一位滴酒不沾的成功商人，而弟弟却成了一个和父亲没有两样的酒鬼，生活穷困潦倒。主持这项研究的心理学家对他们的际遇相当好奇，忍不住问他们："为什么你最后会变成这个样子呢？"出乎众人意料之外的是，两人的答案竟然一样："如果你的父亲也像我的父亲一样，你还能怎么办？"这则故事说明了因厄运造成两种不同的结果，你可以被困境轻易打倒，也可以把厄运当作是生命的原动力，激发你获得成功。

你可以控制自己的情绪，不能眼看着事态任意发展，面对困境时，虽会有些人反应比别人快得多，但每个人都可以自行抉择。而且事实一再证明，生命中发生了些什么事并不重要，重要的是我们选择要怎么做。对某些人来说，这是很早就已学得的教训。虽然许多从小受教育或受虐待的人，长大后生活极不如意，但深受虐待能够摆脱宿命，成为健康、健全并拥有极高成绩的人,也大有人在。其实一切问题的关键全在于人们如何看待自身的处境。

早年遭受虐待的青少年,必须处理的第一件事就是,修正多年受虐所积累的精神创伤与悲观想法。当然,要一个在早年受过创伤的人,能够再度认识世界是美好的,未来仍有大好机会在前方等着自己,需要费一番波折,但这是完全可能的一件事。受虐待的青年,必须自行找出方法,以乐观的心态来解读生命中的一切,并从中获取资讯与教训。同时,在我们试图积极地寻找事物过程时,我们就会期盼光明的到来,而光明之门也会终其一生为我们敞开。

现状是什么?现状是你会不会被逆境击倒。

如果再举出典型的事例来说明如何在逆境中重获光明,那就非艾德·赫恩的遭遇莫属。赫恩是1986年世界杯纽约大都会队的主将,当时,夺下冠军杯的他,认为自己毕生的梦想已然实现,谁知道新赛季一开始,大都会队就将他卖给了堪萨斯皇家队,当成交换投手大卫的条件。更糟的是,刚到皇家队两个星期,他的肩伤就复发了,除了必须接受肩膀重建的手术之外,还花了三年时间进行复检。到了1991年,尚在治疗的他方才意料到自己的职业生涯悄然结束,于是他选择了退役。然而更不幸的是,引退三个月,他被诊断出患三种重症,第一种是伽马球蛋白贫血症,每个月需花三千美金于静脉注射治疗上;第二种则是会在睡梦中,突然停止呼吸的睡眠窒息症,让他每天晚上都得装上呼吸器才能安睡;第三种——也是最严重的一种——则是肾脏病变,逼得他必须接受肾脏移植手术才能活命。从1992年开始,赫恩每年光是医药费用,就得花掉四万美金,而且,终其一生他都得这么过下去。1993年某一天,赫恩的心情跌到谷底，他沮丧地走进家里的地下室，拿出手枪准备结束自己的生命，突然间，意念一转，他猛然发现内心深处的自己，根本不是一个那么容易轻言放弃的人。因为有三个因素渐渐地改变了他的想法。

第一，我知道自己遇到问题了，但我不能自怨自艾，我必须有所作为！因为这个时候没有人可以帮我忙，为我代劳。所以，我开始寻找心理咨询，医生给了我一些处方，还很有效；

第二，我以前老是听说，假如你心里充满了积极的想法，你就真的能够改变自己的思考习惯；

第三，真正让我重燃希望的事情则是有一天，我受邀演讲，当时我仍然处于低潮，压根儿就不愿意去。可是，球队兄弟们坚持我非去不可，于是我硬着头皮上台足足讲了四十分钟。演讲结束后，全国演说协会主席向我走来，兴奋地说："你的故事相当感人，你说得好极了，我们非常希望请你到各地演讲，因为现在社会上，有太多人面临了困境和挑战，却不知如何突破和面对。"在之后的这些日子里，赫恩跑遍全国各地，到各大公司、协会，给青少年演讲。他说："坦白地说，比起期盼再上联盟打球，今天的我更渴望演讲。"

到底是什么力量改变了他呢？

赫恩说："火炼成金，热淬成钢，百试成人。"是的，逆境常能造就我们，因此我们常会因祸得福，它是生命中的一部分，比起其他事物更能给我们教训，给我们磨炼。

现状是什么？现状是你的耐力如何。

有时候，在你知道自己能够做些什么之前，你必须先了解自己无法做些什么。你必须将失败视为成功的重要成分，这种了解"何者可行，何者不可行"的教育过程是极具价值的,是你做任何事的成功条件之一。

做出适合自己的选择

一个人一生中会有许多选择的机会,不同的选择会造就不同的人生。站在岔路口的你一定要记住,即使看上去平坦的大路也未必是最好的选择,只有适合你的才是最好的。

每个人都是自由的,而自由又是相对的。一个人要有人格来限制、约束他,什么可为、什么不可为,也许这就是"人格"的定义,更进一步说说这个"人格",应该是不要接受欺骗得来的钱财,不受有愧于人格的回报,不做损人利己的事。而对于我们的择业者,"人格"应该体现在选择那种光明正大、利人又利己的工作。千万不要从事你对其正当性产生怀疑的职业,你在这种职业上就绝对不会有成功的希望,即便你有钢铁大王卡耐基的才能,也不见得会把那个职业做得得心应手。

对你来说,一种好职业的标准:它适宜于你的发展,能够使你不断进步,能让你学到相当的技能,而且前途无限。在可能的选择范围内,不要从事那些会损害你的健康、让你没日没夜工作永无假期的职业。你完全没必要为自己的职业担心,只要选择那些适合你的工作就可以了,完全不必要去尝试那些条件过于苛刻、不适合做的工作。

许多人因为薪水的缘故,竟去从事那些不够正当的职业,他们往往为自己找出种种借口，来安慰自己那颗不安的良心。以继续做着于心不安的职业，以压抑自己的反抗，控制自己的情绪。他们往往对他人说，这种职业利润相当高，暂时再做几年，等到将来有了相当的积蓄，再去做别的正当的职业。但这种借口不啻是麻醉良心的安眠药！不正当职业的危害还不仅如此，它会消磨他们的志向，埋没他们本可以有更大作为的才干，使他们的生命看不到希望。

社会上有许多职业正等待人们去选择，具有任何一种才能的人都有相当的职位等待着他。那么，何必一定要依恋那种有辱自己的人格，浪费自己才能的工作呢？择业，就像从许多书籍中选出一些有益的读物一样，你要尽可能选取那些高尚而又适合你自己的工作，我们要做到深谋远虑，我们从事的职业必须是既有益于别人又有益于自己的。无论我们从事什么样的职业，标准就应如此，即利己利人。

不管是谁，如果因为要逞一己之能，而忽视对自己品格的培养和发展，那么终其一生，他必定失败无疑。

世界上不知道有多少青年人，智识甚高、才干过人、身强体壮，本来可以大有一番作为，充分为自己设计一个美好蓝图，但遗憾的是，他们却把自己的智能和体能消耗在一些毫无意义、使人堕落的工作上。

一个青年人在求职时，如果只是以薪水的多少、名利的厚薄为标准，根本没有考虑哪些是发展自己才能，保持自己人格的职业，那么他就很容易走入极端。从另一个角度看，如果为了满足一时的欲望和快乐而置一生名誉败坏于不顾，那么这种做法就太愚蠢了。要知道，人格比财富更伟大，比美名更崇高。而且我们还应清楚，凡是一种不正当的职业，一旦长期从事，就会使你视之为想当然。尽管那种职业使你有利可图，但最终会麻醉你的全部是非之心，埋没你的良知，你到头来都会觉得，这种职业是值得的，至少目前是值得的。

人活在这个世上，就有许多职业可以做，我们应该守住自己的人格，本着宁愿不得温饱，也不断送道义的态度，不要去做那些伤害人格、有失自尊、牺牲快乐、违反情理的事情。如果你明知道自己所做的事情是不正当的，那就应当立即停止，立即同这种职业断绝关系。如果你的判断处于怀疑状态，不能确定那个职业究竟是好是歹，那么宁可放弃，也不要拖延着去等待机会，赶快回头，不要到回头已晚时才追悔懊丧。

亨利·戴克教授说："一个人最大的致命伤就是遇事犹豫不决、优柔寡断。其实，凡事做起来只要觉得有些把握并且还有兴趣，那就完全可以当机立断，立志去做。在职业方面，种种无谓的考虑与担忧，只会妨碍自己的前程，只有那些勤勉努力、忠实工作的人，才能不断提升自己。"

托马斯·斯赖克博士曾说："我能够达到今天的高度，完全是因为我总是考虑如何动手去做。老是东想西想，瞻前顾后，优柔寡断，是决不会成功的。"以上这两位学者之言有异曲同工之妙，告诫我们做事千万不可过分的犹豫不决，否则你就只能一事无成。

有些人在选择职业之初就毫无头绪，他们总是在想："我应该怎么做呢？""我究竟该做什么事呢？""怎么做才能最大程度地发挥我的才能呢？"这样的人，如果不及时纠正自己优柔寡断的毛病，那么他们就很难把握自己的前途。

那么我们应以什么样的标准选择职业呢？在所有可能的事业中，你所从事的事业应该是你最能胜任、最合适的职业，这应了一句话：最好的不一定适合你,但适合你的一定是最好的。

生活并不总是完美的,如果一个满腹学识的青年所从事的职业与他的才能不相配,就不可能有成功的奇迹出现,不但不会成功,而且它甚至还会剥夺你做人的兴趣,久而久之就连你原有的工作能力也失掉了。不清楚到底是什么造成了青年一代爱面子的"良好品德",就是因为体面的问题,他们干着各式各样的工作,而至于工作本身的价值却被抛到了九霄云外。

一位女青年在大学里主修广告专业,刚毕业在一家广告公司做文案,半年后她的一个朋友给她提供了一个信息:在大公司里做秘书不仅薪水高,日子舒服,而且发展好。就这样她心动了,后来,在这位朋友帮助下,她真的进入一个大企业做高层的秘书,但是她很快发现自己不适应每天给老板泡 coffee 的不平等感觉;上下班打卡不自由感觉……最后,试用期未满就赔了违约金,打算重回广告公司,但这时她只能从头开始了。不知有多少人因为只考虑到工作的体面而断送了一生的幸福,他们以为体面的工作肯定是通向成功的捷径,而不管自己的性格、才学是否与之相称,于是失败便成了意料之中的事,就算有意料之外的事发生——他成功了,但他也不会懂得成功的真正意义,不会体会到成功的魅力。

如果你认为自己在某种事业上缺乏足够的才能,恭喜你认清了你自己,接下来你要做的就是放弃。因为你根本没有必要在一项你根本做不好的职业上绞尽脑汁,有这时间还不如另谋高就,否则你最后的结局可能就是失望和后悔了。

其实,选择终身的职业是一件颇费周折的事情。在决策之前,必须先剖析自己的才能和志趣，要深思熟虑地加以考察，职业的重要方面都要与自己的志趣相合，而且自觉确能胜任，这才算得上是选择了最适合的职业。当你找到了与自己的才能、体格、智力、性格相融合的职业，你一定会愉快地尽心尽力地去工作，而不是不情愿地去干！

年轻人一旦选择了真正感兴趣的职业，工作起来也会特别卖力，总能精力充沛，神气焕发，能愉快地胜任工作，而决不会无精打采、垂头丧气。那些对工作不称心的人，别人常常能从他的脸色、举止及态度上看出他的不快乐，他们通常脸上没有笑容，说话走路做事都是懒洋洋的，提不起一丁点儿精神。同时，一份合适的职业还会在各方面发挥自己的才能，并使自己迅速地进步。

做事时必须要有远大的志向，才会聚精会神、全力以赴地去做。世上没有什么比不称心的职业更能摧残人的希望、践踏人的自尊、使人丧失内在的力量。一旦你决定要从事某种职业时，就要立即打起精神，不断地勉励自己，训练自己，控制自己，只要有坚定的意志，永不回头的决心，不断地向前迈进，做任何事情都有成功的希望。

说到这里就不得不谈谈跳槽的问题。大多数人单纯以薪资为导向或是以热门行业为导向，盲目离开原本适合自己的职业，到了新公司由于"水土不服"或是"不能发挥自己的专长"等各种原因，而导致失败，最后得不偿失。据统计，白领中跳槽者，有60%都是以失败告终的，所以奉劝有跳槽之意的志士们，三思而后行，看看自己得到的，再看一看自己失去的。切记，适合自己的才是最好的。

学会适应环境

我们生活在时间与空间共构的环境中,从生命的开始到结束,我们永远不能从这个范围中隔离自己,很早以前达尔文就想出了一个影响整个世界的观点:"物竞天择,适者生存"。环境的力量是不可抗拒的,人的生死存亡不可避免地要受到这种自然力量的影响。

家庭是我们人生的第一个驿站。家庭环境的熏陶对一个人的成功会产生很大的影响:生在一个和睦的家庭里可以使一个人获得良好的教养,有可能成为社会的有用之才;生长在一个不负责任的家庭里,会使人养成诸多恶习,有可能走上犯罪的道路。

诚然,我们在事与愿违时,常常感叹生不逢时,时代的环境不同,人的命运便也不一样,这就需要我们学会如何去适应环境、改变环境,在环境中求得生存与发展。

我们说环境对人的命运具有重大的影响。不同的人一生中面临的环境不同,有好有坏,有高有低,但环境的好坏高低只能表示命运的起点,而不是整个过程。同是一个搞经济的人才,在八十年代前可能会备受批判,可到了九十年代则有了用武之地,成为风云人物;同是一个人,在一个偏僻的不开放的地方,可能被认为行为怪异而受指责,而到了一个开放的、具有先进的领导潮流的地方,则可能会如鱼得水,成为出类拔萃的人。

一个人不能时时刻刻都与环境相宜,当环境恶劣时,我们不是设法来应付环境,就是设法来改变自己,从而使自己与环境相适应。

在我们现在的家庭中，由于生活水平的不断提高，再加之家长对孩子的溺爱，使得孩子们犹如生活在糖罐中一样，这样"优裕"的环境怎能培养出有出息的孩子呢？所以我们所要做的就是不要让孩子养成娇生惯养的习惯，这就需要培养孩子自力更生的能力，以便使孩子的性格更趋于完善，更能适应社会的需求，从而从劳动中得到乐趣，知道优裕环境的难能可贵。

对于环境，我们往往只看到逆境对我们前进的阻碍，于是都祈求顺境，殊不知顺境对人的磨蚀有时比逆境对人的压迫危害更甚。逆境对人的压迫是明显的，使人感觉强烈；而顺境对人的磨蚀却是隐蔽的，使人不知不觉。

一个人如果活得太舒服了，往往会变得意志消沉，尤其是丧失了进取的毅力，失去了这种毅力，智力也便形同虚设。所以我们不能让自己活得太舒服了。只有不舒服时，我们才能时时想到人生路上的许多坎坷，才能永远保持旺盛的斗志，才能使自己永有克服困难的毅力。如果舒服了，我们便不再想到拼搏，这不仅禁锢了自己的身体，同时也禁锢了自己的心灵。

在顺境中，我们往往会觉得很舒适，于是便很难激起我们奋发的欲望，也许我们本来是可以成就大事业的，但优裕的环境却把我们给扼杀了。

一个人越是顺利的时候，就越是应该警惕厄运的突然降临，因为，我们的心灵已承受不起一点微小的打击，这就需要我们平时多做些艰难的事来锻炼我们的毅力，以便在厄运来临时心理上有所准备。

不同的环境下，不同的机遇，我们选择了不同的职业，这就决定了我们的不同命运。每个人的人生都是在不自主的选择中运行的。在一个好的环境，我们选择了一份好的职业，从此便有许多好的人生机遇，这样的人可以说是社会的幸运儿，命运的骄子，但那毕竟是少数人的际遇。我们大多数的人都被环境延误了，因此，在生活中，除了自信，我们更应该去试着改变环境、改变自己，或许我们的整个人生也会因此而改观。

能够接受环境的影响这是人生的第一课，这种影响一直延续到工作岗位上。

每个人在某些方面都有自己的特殊性，要学会尊重他们的特性，并认真倾听他们的真言，才能同他们建立起真正的相互信任的关系，这会为你的工作增添许多意想不到的机遇。只要环境适宜，同时拥有一定的机遇，在生活中磨炼自己，努力工作，你就会取得成功！

我们通常用顺逆来判断环境的好坏，假如我们换个角度，比如说，我们可以对将来的发展是否有利来判断环境的优劣，也许你会发现对于那些具有强烈上进欲望并愿为此付出艰苦努力的人来说，许多艰苦的环境、失败的环境甚至绝境也许更有助于他们的成长与成功；而对那些缺乏斗志不肯吃苦的人来说，逆境依然是一种灾难。

遭遇失败时，怯懦的人往往失去自信，从此一蹶不振，而适应能力强、不屈不挠的人仍充满信心。

"能够重新振作起来的人都是乐观的人，任何难以解决的问题都是暂时的。"

在失败的环境中，任何东西都可不要，但绝对不能丢弃愿望和毅力。逆境使人奋起，也有助于成功。背水一战，才可置之死地而后生，但这只是对有愿望和毅力的人而言的。失去工作，生计艰难，这对于现代社会的家庭来说是一个多么大的失败,然而正是因此,有些人才产生了强烈的生存欲望,于是奋起拼搏,并最终取得了成功。

环境的好坏对人的成功十分重要。无论是顺境还是逆境都会对人的成功产生一定的影响,恶劣的环境可以培养人积极进取的欲望,而优裕的环境则可能使人丧失斗志。有人善于借助顺境正面作用力的推动而取得成功,也有人善于借助逆境的反面作用力的推动而取得成功。归根到底,我们还是要学会适应环境。

寻找适宜发展的环境

有人身处于某一环境便全身不自在,有人却如鱼得水,这是由个人个性、适应力不同所造成的。

某小说中有一位少女,她是一个无论身处何种困苦环境,都能从其中发现可爱有趣事物的女孩。她在身为牧师的父亲熏陶之下,学到"寻找乐趣的艺术"。她的父亲是用这样一种方式教育他女儿的。

父亲问女儿:"你认为《圣经》是不是一部戒律,充满说教意味,严肃而难于理解呢?"

这位少女回答说:"我想是的。"

父亲接着说:"《圣经》中有关于令人心生喜乐的文句,你可曾留意到?你不妨试着找出《圣经》中令你愉快的文句,做专门的阅读。"

少女照父亲的话去做了一段时间后，对父亲说："《圣经》中美妙可爱、发人深省的语句太多了，简直数也数不尽。"

这位少女由阅读《圣经》而改变了以往的观点，从此阅读任何书籍，都能从中发现乐趣。在日常生活中，也能捕捉美好愉悦的片段。后来她把亲身的经验，告诉身边的朋友，原本苦闷的人也因此变得活泼起来，从此每个人的脸上都挂满笑容。

如果你能用少女的方法和态度处世的话，就可使人生从此以后充满乐趣，从而蜕变、建立全新的人生观，使你的生活充满希望。这种寻找乐趣的方法，还能使你很快适应环境，融入环境，让你重整旗鼓，振作精神，发挥超人的潜力。

（1）从生活中学习

要想享受生活，只要在生活中做一个有心人，抓住灵感，不断学习，在学习中开拓视野，你就能成功。

很多时候，成功并不需要深奥的理论或者精密的实验室，哪怕是很小的一件事，也能触动你发明创造的那根神经。

西村金助是一个制造沙漏的小厂商。沙漏是一种古董玩具，它在时钟未发明前用来测定每日的时辰。时钟问世后，沙漏已完成它的历史使命。而西村金助却把它作为一种古董玩具来生产销售。

沙漏作为玩具，趣味性不强，孩子们自然不大喜欢它，因此销量很少。但西村金助找不到其他比较适合的工作，只能继续干他的老本行。沙漏的需求越来越少，西村金助最后只得停产。唉声叹气了几天后，西村也想开了，决定先好好休息和轻松一下，生意的事等有机会再做。于是，他便每天都找些娱乐，看看棒球赛、读读书、听听音乐或者领着妻子孩子外出旅游。

一天,西村翻看一本讲赛马的书,书上说:"马匹在现代社会里失去了它运输的功能,但是又以高娱乐价值的面目出现。"在这不引人注目的两行字里,西村好像听到了上帝的声音,高兴得跳了起来。他想:"赛马用的马匹比运货的马匹值钱。是啊!我应该找出沙漏的新用途!"

就这样,从书中偶得的灵感,使西村金助的精神重新振奋起来,把心思又全都放到他的沙漏上。他的头脑又开始高速地运转。经过几天苦苦的思索,一个构思浮现在西村的脑海:做个限时3分钟的沙漏,在3分钟内,沙漏上的沙就会完全落到下面来,那么,它装在电话机旁,就可以监督人们打长途电话时不超过3分钟,电话费就可以有效地控制了。

想好了后,西村就开始动手制作。这个东西设计上非常简单,把沙漏的两端嵌上一个精致的小木板,再接上一条铜链,然后用螺丝钉钉在电话机旁就行了。不打电话时还可以做装饰品,看它点点滴滴落下来。虽是微不足道的小玩意,也能调剂一下现代人紧张的生活。

担心电话费支出的人很多,西村金助的新沙漏可以有效地控制通话时间,售价又非常便宜。因此一上市,销路就很不错,平均每个月能售出3万个。这项创新使没有前途的沙漏转瞬间成为对生活有益的用品,销量成千倍地增加。面临倒闭的小作坊很快变成一个大企业。西村金助也从一个小业主摇身一变,成了腰缠亿贯的富豪。西村金助成功了,赚了大钱,而且是轻轻松松,没费多大力气。可是如果他不是一个有心的人,即便看了那本赛马的书,也逃不脱破产的厄运。这件事给人们一个启示:成功会格外偏爱那些有心人。

生活中会给我们很多启示,经验要在一点一滴中积累,只要我们善于观察，勤于总结，在生活这本大书里，你会得到意想不到的收获。

（2）此路不通彼路通

真正伟大的人物并不是每个方面都优秀，而是他们懂得将自己优秀的一面展示给世人，他们找到了适宜于自己发展的环境，找到了属于自己的道路而已。世上不存在绝对无用的人，当你在某方面陷入困境时，请记着：此路不通彼路通，条条大路通罗马。

英国大政治家丘吉尔，少年时在校成绩就很差。

他的数学和外语很差劲，人又很顽皮，是个相当使人感到头疼的少年。丘吉尔的家庭是贵族，又很有钱，所以他父亲想让他进入牛津大学或剑桥大学。可是他的成绩无法进入大学，因此不得不去报考英国陆军军官学校。这在英国属于第三流学校，可是他竟然也名落孙山。他在家过了二年补习生活，也请过家庭教师，还是考不上。到了第三年才好不容易考取，而且是最后一名。

丘吉尔年轻时代虽然如此差劲，可后来，他竟然能成为20世纪大政治家之一。这是为什么呢？

因为，丘吉尔数学虽然不好，可是他在语文方面却很有才能，对绘画也有天分。虽然他是一个顽皮的少年，但另一方面也是多才多艺的人，并且能活用多艺的才能成为大政治家，还在文学方面留下了伟大业绩，获得了诺贝尔奖。

从这件事看来，我们可以说学校成绩与成功，并没有太大关系。为了证明这点，另外举出一个例子来给各位做参考，那就是美国棒球王贝比罗斯的故事。

贝比罗斯的故乡是在船上工作的底层劳动者聚居的地方，在这里长大的贝比罗斯尤其是个让大家感到棘手的不良少年。例如他看到邻居从市场买菜回来时，就突然从旁边跳出来，把人家的蔬菜打落，然后跑掉。由于非常喜欢恶作剧，后来就被送到感化院。

感化院的老师为了教育他就让他打棒球。棒球是最需要团队精神的一种运动，需要共同作业，不许擅自活动，必须尊重别人的立场。老师想利用这个运动来锻炼他的人格。那个感化院规模很大，所以很快就组成一个棒球队，常常跟许多学校举行比赛。在比赛中贝比罗斯被某个教练认为非常有棒球天分，后来贝比罗斯参加的比赛越来越多，名气也越来越大，最后终于成了美国棒球之王。

当你在一种工作上毫无业绩时，当你对某件工作疲惫不堪时，请不要灰心。不妨换个工作，或许你会找到最适合于你的一片天空。世界如此广大，一定有一个能让你自由发挥潜能的空间，创造你自己的完美人生。

（3）善于掌握信息，把握时代跳动脉搏

信息化正席卷全球，从工业经济到信息经济，从工业社会到信息社会，在这个动态演进过程中，信息化逐步上升成为推动世界经济和社会全面发展的关键因素，成为人类进步的新标志。一个国家的信息化程度，代表着其社会生产力的发展水平，也决定着这个国家在21世纪生存和发展的实力和地位。这场由新技术革命引起的，导致新的产业革命发生的重大变革，正在对政治、经济、科技、教育、文化、军事各个领域产生巨大而深远的影响。

信息社会的来临，既向各国提出了新的挑战，也为各国的发展提供了难得的机遇。那么，站在世纪之交的门槛上，面对信息浪潮的冲击，我们该如何迎接挑战和把握机遇呢？毋庸置疑，处在经济体系中的个人发出这样的信号：智慧、信息和知识资本，在今后的时代中将扮演更加重要的角色。掌握和拥有信息的人，才能更好地理解和把握这个时代，才能拥有功成名就的更多机遇。反之，如果不及时地掌握信息，不了解最新的生产方式、生产工具和创新方式，他被社会淘汰的可能性就大大增加了。总之，时代的紧迫感给我们最大的启示是：掌握了信息，就拥有了成功的一半。

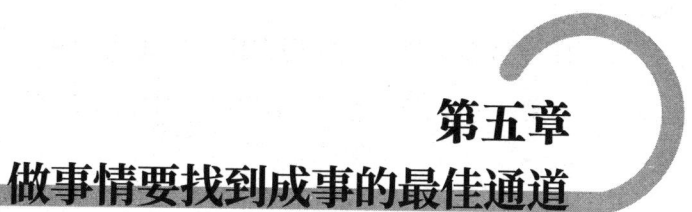

第五章
做事情要找到成事的最佳通道

人总是要做事，但事情做得成做不成、做得好做不好则因人而异。有的人费尽心力，即使不把事情搞砸，也往往劳而无功；有的人则在谈笑之间把一切都安排得妥妥帖帖。这二者之间的区别就在于是否找到了一条做事成功的最佳通道。只有多动脑筋、找到方法，做事情才会做出效率、做出成就。

找对方法做对事

为什么有人成功？有人失败？这其实是一个说简单也简单，说复杂也复杂的问题。

有一位颇有成就的励志专家曾讲过这样一个故事：

那天我的一位朋友来看我，他父亲是我在内地的同事，曾在我任教的学校和我在同一间宿舍里生活了一年。他初中文化，工作后因工伤断了一根手指，20多岁就开始病退在家。我正式调来深圳后，帮他在单位找了一份保安工作，但他干了不到三个月就辞职了，从此我们失去了联系。

没想到过了六七年他会来看我，我很高兴。他告诉我他在内地一家房地产公司做老总，我听了差点吓得跌个跟头。他说他离开学校后就去一家地产公司做销售员，由于工作努力，业绩突出，不久就被提升为销售部负责人。他们公司的主项是与大学合建教师楼。他发现现在大学教师收入很高，而教师宿舍都是一些很老旧的房子，教师又不愿意离开校园生活，因此都想在学校附近买商品房。

刚好他叔叔在内地开了家房地产公司，他认为当地的房价在全国大城市中是最低的之一，他决定回内地发展。他给他叔叔详谈了他的全套想法，他叔叔很赞同，决定让他负责大学城的开发。

果然大学城销售很好，引起了轰动。他说，有的顾客上午来看房，到了下午就又涨价了。

因此不少大学纷纷找他们公司合作，业务量突飞猛涨。后来他叔叔干脆将公司的主项转到了大学城的开发，并任命他为总经理。

他的成长让我感叹了许久，从他身上我发现，成功者其实跟我们一样的普通，他们之所以成功，只是因为他们运用了正确的方法。

记得读初二时，学校举办背英语单词竞赛，我考得很差，但同桌却是全年级第一名，那时我也认为是自己记忆力不好。后来同桌告诉了我他记单词的方法，将单词分类，将加了后缀和相近的单词归类在一起，每天上学、放学的路上，就在心里默默记诵。我采用了他的方法，并按自己的习惯将单词重新分类，不仅上学、放学路上记，临睡前也在心里默默地记一遍，结果到了初三，在学校的背单词竞赛中，我就成了第一名。

"这个体会让我知道，成功者运用的方法，我也一样可以学到，也一样可以运用去取得成功。"

生理学家研究认为人的神经系统是一样的。"成功者"的神经系统当然也并不特殊。既然神经系统都是一样的，那别人能做到的，我们为什么不能做到呢？

成功者只是运用了正确的方法，而且他们的方法我们一样可以学到，一样可以运用到生活中取得成功。因此注意向成功者学习，掌握向这个社会"进击"的正确方法和技巧，应当是猎取成功的捷径。

成功者用几十年摸索出来的路，我们没必要再用几十年去摸索，我们只要从他们那里学习过来就行了。就像你要去别人家里，最快的方法当然是让他带你去，因为他最熟悉这条路了。所以不论你从事什么行业的工作，进步最快的方法，就是去找你这一行业的最优秀者，向他学习。

多见世面，增长见识，去跟最优秀的人接触、交谈，就是提升自己的捷径。

现在年轻人择业往往考虑的是企业的规模和薪金的高低，这是目光短浅的做法。其实年轻人的路还长，目前最重要的就是学习，取得经验，掌握长远"作战"的方法技巧。因此，首先要考虑的应该是在这里能学到些什么，对自己未来的发展有什么帮助，这才是有长远眼光，而不是暂时的工作的稳定性和收入的高低。

在体育界，大家都知道教练的作用非常重要。美国 NBA 的湖人队很长一段时间都没拿过冠军了,但请了曾多次带领公牛队夺冠的杰克逊当教练后,队员并没有变,湖人队当年就取得了 NBA 的总冠军。还有中国的足球队,喊了几十年也没冲出亚洲,米卢做了教练后,就取得了世界杯的入场券。有人说米卢是运气好,少了日韩的竞争。但只要看过全部小组赛的,凭着良心说,那届国家队就是踢得最好的一届。

运动队需要教练,教练的作用很重要;其实人生也需要教练,教练的作用也很重要。我们的人生教练就是那些成功者、教师和一些好的书以及我们周围的所有能帮助到我们的人。因为他们能提供最快捷、最正确的成功技巧,让我们尽可能地掌握人生战场的制胜兵法。

换个思路更容易成功

可能很多人都看过这样一则笑话:美国宇航局曾经为圆珠笔在太空不能顺畅使用而苦恼,提供巨资请专家研制新式品种。两年过去了,该科研项目进展缓慢。于是,宇航局向社会悬赏,征求此种"便利笔"。不料,很快来了一个小伙子,他向惊讶的官员们出示自己的"研究成果"——是一支铅笔。其实这个笑话告诉了我们一个道理:如果换个思路、换个角度看问题,你可能就会从失败迈向成功。

有一家生产牙膏的公司,产品优良,包装精美,深受广大消费者的喜爱,每年营业额蒸蒸日上。

记录显示，前十年每年的营业额增长率为15%～20%，不过，随后的几年里，业绩却停滞下来，每个月维持同样的数字。

公司总裁便召开全国经理级高层会议，以商讨对策。

会议中，有名年轻经理站起来，对总裁说："我手中有张纸，纸里有个建议，若您要使用我的建议，必须另付我10万元！"

总裁听了很生气说："我每个月都支付你薪水，另有分红、奖励。现在叫你来开会讨论，你还要另外要求10万元。是不是过分了？"

"总裁先生，请别误会。若我的建议行不通，您可以将它丢弃，一分钱也不必付。"年轻的经理解释说。

"好！"总裁接过那张纸后，看完，马上签了一张10万元支票给那年轻经理。

那张纸上只写了一句话：将现有的牙膏管口的直径扩大1毫米。

总裁马上下令更换新的包装。

试想，每天早上，每个消费者挤出比原来粗1毫米的牙膏，每天牙膏的消费量将多出多少呢？

这个决定，使该公司随后一年的营业额增加了25%。

当总裁要求增加产品销量时，绝大多数高级主管一定是在考虑怎样才能扩大市场份额，怎样才能把产品推广到更多地区，一些人可能连怎样在广告方面做文章都想到了，但这些都是老生常谈，只有那位年轻的经理换了个思路：增加老顾客的消费量，不是同样能达到增加销售的目的吗？而且这个方法更简单、更有效。灵活的思考对一个人的成功是非常必要的。能够从另一个角度看问题，见人所不见，善于突破常规，这就是创造。

19世纪50年代，美国西部刮起了一股淘金热。李维·施特劳斯随着淘金者来到旧金山，开办了一家专门针对淘金工人销售日用百货的小商店。一天，他看见很多淘金者用帆布搭帐篷和马车篷，就乘船购置了一大批帆布运回淘金工地出售。不想过去了很长时间，帆布却很少有人问津。李维·施特劳斯十分苦恼，但他并不甘心就这样轻易失败，便一边继续销帆布，一边积极思考对策。有一天，一位淘金工人告诉他，他们现在已不再需要帆布搭帐篷，却需要大量的裤子，因为矿工们穿的都是棉布裤子，很不耐磨。李维·施特劳特顿觉眼前一亮：帆布做帐篷卖销路不好，做成既结实又耐磨的裤子卖，说不定会大受欢迎！他领着那个淘金工人来到裁缝店，用帐布为他做了一条样式很别致的工装裤。这位工人穿上帆布工装裤十分高兴，逢人就讲这条"李维氏裤子"。消息传开后，人们纷纷前来询问，李维·施特劳斯当机立断，把剩余的帆布全部做成工装裤，结果很快就被抢购一空。由此，牛仔裤诞生了，并很快风靡全世界，给李维·施特劳斯带来了巨大的财富。

在这个世界上，从来没有绝对的失败，有时候只要调整一下思路，转换一个视角，失败就会变成成功。很多人相信，如果失败了，就应该赶快换一个阵地再去奋斗，如果按照这种观点，李维·施特劳斯就应该把帆布锁进仓库里，或廉价甩售出去，但幸好李维·斯特劳斯没有这么做。他没有放弃帆布，并且积极寻找解决问题的办法，终于从淘金工人的话里获得了启示：将帆布做成帆布裤，因此获得了成功，失败与成功相隔的并不远，有时也许只有半步距离。所以如果遭遇到了失败，千万不要轻易认输，更不要急于走开，只要保持冷静，勇于打破思维的定势，积极寻找对策，成功一定很快就会到来。

发散式的思维使人赢得更多成功机会。一个聪明的人，不会总在一个层次做固定思考，他们知道很多事情都是多面体，如果你在一个方向碰了壁，那也不要紧，换个角度你就会走向成功。

反向思维往往让你反败为胜

在考虑问题时不但应该放宽去想，还应该反向去想，反向思维虽然有点"险"，但却常能出奇制胜。

反向思维是不随大流走最极端的形式，它不但不随大流，反而朝相反的方向走。这种反向思维虽然有点冒险，但却常因独辟蹊径，而获得起死回生、反败为胜的作用。

从前，有位商人和他长大成人的儿子一起出海远行。他们随身带上了满满一箱子珠宝，准备在旅途中卖掉，但是没有向任何人透露过这一秘密。一天，商人偶然听到了水手们的低声交谈。原来，他们已经发现了他的珠宝，并且正在策划着谋害他们父子俩，以掠夺这些珠宝。

商人听了之后吓得要命，他在自己的小舱内踱来踱去，试图想出个摆脱困境的办法。儿子问他出了什么事情，父亲于是把听到的全告诉了他。

"同他们拼了！"年轻人断然道。

"不，"父亲回答说，"他们会制服我们的！"

"那把珠宝交给他们？"

"也不行，他们还会杀人灭口的。"

过了一会儿，商人怒气冲冲地冲上了甲板，"你这个笨蛋！"他冲儿子叫喊道，"你从来不听我的忠告！"

"老头子！"儿子也同样大声地说，"你说不出一句值得我听进去的话！"

当父子俩开始互相谩骂的时候，水手们好奇地聚集到周围，看着商人冲向他的小舱，拖出了他的珠宝箱。"忘恩负义的家伙！"商人尖叫道，"我宁肯死于贫困也不会让你继承我的财富！"说完这些话，他打开了珠宝箱，水手们看到这么多的珠宝时都倒吸了口凉气。而商人又冲向了栏杆，在别人阻拦他之前将他的宝物全都投入了大海。

又过了一会儿，父与子都目不转睛地注视着那只空箱子，然后两人躺倒在一起，为他们所干的事而哭泣不止，后来，当他们单独一起待在小舱时，父亲说："我们只能这样做，孩子，再没有其他的办法可以救我们的命！"

"是的，"儿子答道，"您这个法子是最好的了。"

轮船驶进了码头后，商人同他的儿子匆匆忙忙地赶到了城市的地方法官那里。他们指控了水手们的海盗行为和犯了企图谋杀罪，法官派人逮捕了那些水手。法官问水手们是否看到老人把他的珠宝投入了大海，水手们都一致说看到过。法官于是判决他们都有罪。法官问道："什么人会弃掉他一生的积蓄而不顾呢，只有当他面临生命的危险时才会这样去做吧？"水手们听了羞愧得表示愿意赔偿商人的珠宝，法官因此饶了他们的性命。

这个久经商场磨炼的商人见识确实高人一筹，遇到会被人谋财害命的危险时，一般人的做法是跟对方拼了，或是献财保命，但这位商人却偏偏反其道而行之：不跟对方撕破脸，反而做出一无所知的样子，不把财宝献给水手，反而把它们抛入大海。身陷绝地的时候，如果按常规出牌那就必败无疑，但若反其道而行，则可能会获得一线生机，故事中的父子便用反向思维保住了生命，又使财产失而复得。

美国布里奇玩具公司董事长莱希顿常常为了公司的事情而烦闷。由于市场竞争十分激烈，各大玩具公司竞相推出儿童们喜爱的新型玩具，并且在市场上十分畅销，这无疑对布里奇玩具公司是一个巨大的压力。如何在玩具市场上占据一席之地，确实是个非常棘手的问题。

莱希顿的别墅后面有一片茂密的树林，每当遇到令人头痛的问题的时候，他都会到树林里去散步。树林里幽静的环境和美丽的景色能够使他暂时地忘却烦恼。

这一天，莱希顿又慢慢地踱到了树林里，但他的脑子里一刻也没有停止转动，他是一个不肯服输的人，为了对付其他公司的排挤，他绞尽脑汁，努力地想找出一个新的方案来给以反击。

正在这时，他看到小路旁的一棵树下，几个小孩似乎在玩什么东西，每个人都玩得津津有味，爱不释手。莱希顿马上跑了过去。原来，那几个小孩正在玩一种肮脏而且看起来十分丑陋的昆虫。

莱希顿十分奇怪，便问其中的一个孩子："你们怎么玩这种又脏又丑的虫子呢？难道你们的爸爸妈妈没有给你们买好看的玩具吗？"

那个小孩一噘嘴，说道："那些商店里卖的玩具我都有，可是全玩腻了，都是一个样子，没有什么意思。这种虫子我从未见过，虽然脏一点，丑一点，可是比家里的那些漂亮的玩具好玩多了。"

莱希顿头脑突然闪过一道火花。他知道自己找到解决问题的方法了。莱希顿一连对那个小孩说了好几声谢谢，弄得他们莫名其妙，然后三步并作两步地跑回家里，迫不及待地拿起了电话。

不到一个月，布里奇玩具公司就隆重推出了一种新产品，一改过去玩具总是造型优美，色彩艳丽的格局，而是以丑陋、色彩暗淡作为主要方向。一时间，这种丑陋玩具满足了儿童们的好奇心理和新鲜感，于是成为市面上的抢手货，在儿童之中甚至形成了一种玩丑陋玩具的趋势。

布里奇玩具公司因为莱希顿的奇妙设想而在竞争之中稳住了阵脚，并且一一击败了对手，而成为玩具业的佼佼者。

莱希顿的成功就得益于他的反向思维，市场上到处都是色彩鲜艳，美观漂亮的玩具，而各个公司还在拼命地设计新型玩具，都是向着更美、更好这个方向发展。所以莱希顿想在玩具市场上获得优势地位真的很难。幸好莱希顿没有随大流，他把玩具设计得既丑陋，色彩又暗淡，反而受到了孩子的欢迎。这种做法虽然冒了很大风险，但由于出于清醒判断的选择，反而闯出了一条自己的路。

反其道而行之的做法是一种独特做事方法的体现，它既是一种创新，又是一种对常规的破坏。当然，这种"破坏"不表现在对人情和风气习惯上，而是表现在能落实到具体事物上的常规思维上。新的思路往往能在常规事物之外找到突破口，当然这也需要人的清醒判断和某种可遇不可求的机遇。

做个另辟蹊径的高手

成事的高手必是另辟蹊径的高手，寻常的坦途他偏不走，一定要在"独木桥"上创造辉煌。他这是在冒险吗？不，他恰恰是选择了风险最低的一条路，很多时候，越是冷僻的路，走起来就越顺畅。

每一条"阳关大道"上都挤满了盲目的人群，因此，这些"阳关道"有时并不好走，甚至还有摔倒或被挤出队伍的危险。"独木桥"虽然狭窄，但由于是一个人走，所以难度大大降低，"独木桥"也就成了"阳关道"。

有一次，公司请一位商界奇才做报告，大家非常希望能听他谈谈成功之道，以对自己的发展有所帮助。

但他只是说："还是出一道题考考你们吧。"

"某地发现了一处金矿，于是人们一窝蜂地拥去开采。然而，一条大河挡住了必经之道，如果是你，你会怎么办？"

"绕道走，就是费点时间"，有人说。

"干脆游过去。"

但是他却含笑不语，等人们议论声过后，他开口了："为什么非得去淘金？为什么不可以买一条船开展营运？"

全场愕然。

他却说："那样的情况下，你就是宰得渡客只剩下一条短裤，他们也会心甘情愿呀！因为前面有金矿啊！"

淘金确实是条"阳关道"，淘到了金子你就可以发财，这样的好事谁不愿意去做。但淘金的人太多了，这条路就可能变成"独木桥"，为了金子动手、动口、动刀、动枪，这都不是什么稀罕事，所以你何不试试走"独木桥"呢？渡船是小本买卖，本来不会有多少利润，但因为只有你在做，所以你就占据了优势，你尽可以漫天开价，还怕那些想渡河的人不付钱吗？

生活中，我们总是盯着"阳关道"，跟别人互相推着、挤着，结果很多时候弄得头破血流，却还是一无所获，但如果你能试着换一条人生之路，也许会走得更顺畅。

1998年，张野第三次高考落榜，这一次，他拒绝了父母让他再复读的建议，决定去做点别的，张野的父母都是知识分子，他的哥哥姐姐也都考上了大学，父母觉得一个人如果上不了大学，那他就永远也不能出人头地，因此张野的想法在家里引起了轩然大波。没有理会家人的反对，张野开始了自己的创业历程，他相信成功的路不止一条，自己没必要非往高考的窄门挤。张野试过很多工作：卖服装、开报刊亭、办搬家公司……但都没有成功。2001年夏天，他在某报纸上看到了一则诚招加盟某高级干洗连锁店的广告，经过分析，他认为前景不错，便果断地投入了资金办起一间连锁店。三年过去了，张野的生意越做越大，手下已经拥有7间分店，并被当地评为十大杰出青年，他的父亲感叹地说："真没想到，这小子走'独木桥'竟然走出了名堂！"

张野在第三次落榜后，就决定放弃自己的大学梦，另闯一条适合自己的路，这绝不是意气用事，而是在人生路口上从另一种思路出发做出的新选择。但是，值得说明的是，这种选择并不是以消极的或者反动的方式进行的：像有的人那样，一旦在自己的人生路上遇到点挫折和坎坷，不是沉沦消极，怨天尤人，就是不思进取，自暴自弃，而是以一种"山重水复疑无路，柳暗花明又一村"的乐观、通脱、放达的人生态度，独辟蹊径，走向人生的另一境界。

当然，做到这一点，一是要有相当坚强的意志和良好的心理素质，二是要有相当程度的自信心，三是要有在人生关键时刻敢于重新选择自己命运的勇气和魄力。三者缺一不可。因为，如果没有坚强的意志和良好的心理素质，就不能正确对待经过多次努力后的失败，就不能承受这种比摧毁人的肉体更具杀伤力的对人的心理和精神的摧毁；没有对自己相当程度的自信心，就不能在挫折和坎坷中重新站起来，并且一直走下去，更不会有在人生的关键时刻放弃大家都走的路而重新选择属于自己的出路的勇气和魄力。

当然，做到这一点在不同的条件下具有不同的意义。比如，当社会为个人的重新选择提供了某些新选择的愿望和意向相当或者相同时，人的重新选择就容易得多。就是我们经常说的时势造英雄，时势一般指时代形势处于变化多端，社会环境处于大动荡大变革时期的社会环境，这种环境实际上等于给一切具有英雄气质的人提供了一个施展才华并且成为英雄的机遇，也就是说，这是一个需要英雄而且必将产生英雄的时代。如，曹操的脱颖而出在相当程度上就是时代需要和他个人的努力相一致的结果。但是，如果社会并没有为英雄的产生提供条件，或者社会正处于相对平稳的发展时期，这时，人们的思想意识也自然会处于相对平稳状态，这时英雄的产生就比较困难。特别是当一个人的选择与时代的要求和同时代人的选择相左时，这种选择不但不会为时代所容纳和承认，同时也会遇到来自各方面的阻力。

张野无疑属于后者，这也从反面证实了在正确的方法下勇于放弃和选择的做人思路。在张野的父母看来，考上大学是一个人在社会立足的唯一办法，但张野却没有按照家庭给他规划好的路线走下去，而是义无反顾地对他的人生进行了重新选择——放弃可能让他一步登天的高考，选择了一条艰难的创业之路。

实践证明，张野的选择不但显示出他过人的胆识和魄力，而且也说明，人生价值的实现途径是多样的，关键是你能否正确地看待自己，客观地估价自己。一个人只有正确而客观地看待和估价自己，他才能够面对现实对自己的人生之路做出正确的选择。

当然，当人对自己的人生之路进行重新选择时，还应该具有超前意识，也就是说，这种选择应该是以对社会的发展趋势的正确判断和准确把握为前提，而不应是盲目的，这样，你才能保证重新选择的正确性。不随大流走自己选择的冷僻路，是一条充满荆棘与鲜花的刺激之旅。要么跌得很惨，要么掌声雷动。但肯定的是在这个过程中是要付出很多的。但只要你有胆识，能坚持，你就可以获得无比辉煌的成功。

从不可能中找机会

在会做事的人的字典里从来就没有"不可能"这三个字，在别人都认为遇到了绝境时，他却能找到突破的方法，这就是思考问题的方式不同所造成的区别。思考问题时，我们应该摆脱惯性思维的限制，不去预设立场，然后你就会发现"不可能"中往往藏着宝贵的机会。

人们往往会受到思维定式的限制，一旦碰到用现有方法解决不了的事情，就认为这件事不可能成功了，只要你能突破这种惯性思维，你就会知道世界上根本没有所谓的不可能。

曾有人做过这样一个实验：他们把5只猴子关在一个笼子里，并在笼子上边挂上了一个鲜桃。笼子四周安装了粗铁丝网，所以这些猴子如果想要吃到桃子是一件很容易的事情，它们只要攀上铁丝网就可以拿到它了。最初，当它们想去摘桃子时，人们就会施以电击。反复几次后，实验人员不再用电流刺激它们，但却再也没有猴子敢去摘桃了。

人类也是这样，我们被关在思维定式的笼子里，很多事不敢去尝试，就认为它是不可能完成的任务，因为跳不出思维的笼子，所以永远也得不到我们生命中的"桃子"。其实很多看似不可能的事情，只要打开思路，你就可以获得成功。

有一家效益相当好的大公司，决定进一步扩大经营规模，高薪招聘营销主管。广告一打出来，报名者云集。面对众多应聘者，招聘工作的负责人说："相马不如赛马。"为了能选拔出高素质的营销人员，我们出一道实践性的试题：就是想办法把木梳卖给和尚。绝大多数应聘者感到困惑不解，甚至愤怒：出家人剃度为僧，要木梳有何用？这岂不是神经错乱，故意刁难人吗？过一会儿，应聘者接连拂袖而去，几乎散尽。最后只剩下三个应聘者：张山、王平和李武。负责人对剩下的三个应聘者交代："以10日为限，届时请各位将销售成果向我汇报。"

10日期到。负责人问张山："卖出多少？"答："一把。""怎么卖的？"

张山讲述了历经的辛苦,以及受到和尚的责骂和追打的委屈。好在下山途中遇到一个小和尚,一边晒太阳一边使劲挠着又脏又厚的头皮。张山灵机一动,赶忙递上了木梳,小和尚用后满心欢喜,于是买下一把。

负责人又问王平:"卖出多少?"答:"10把。""怎么卖的?"王平说他去了一座名山古寺。由于山高风大,进香者的头发都被吹乱了。王平找到了寺院的住持说:"蓬头垢面是对佛的不敬。应在每座庙的香案前放把木梳,供善男善女梳理鬓发。"住持采纳了王平的建议。那山共有10座庙,于是买下10把木梳。

负责人又问李武:"卖出多少?"答:"1000把。"负责人惊问:"怎么卖出的?"李武说,他到一个颇具盛名、香火极旺的深山宝刹,朝圣者如云,施主络绎不绝。李武对住持说:"凡来进香朝拜者,多有一颗虔诚的心,宝刹应有所回赠,以做纪念,保佑其平安吉祥,鼓励其多做善事。我有一批木梳,你的书法超群,可先刻'积善梳'三个字,然后便可做赠品。"住持大喜,立即买下1000把木梳,并请李武小住几天,共同出席了首次赠送'积善梳'的仪式。得到'积善梳'的施主和香客,很是高兴,一传十,十传百,朝圣者更多,香火也更旺。这还不算,住持希望李武再多卖一些不同档次的木梳,以便分层次地赠给各种类型的施主和香客。

把木梳卖给和尚,大多数人听了都会觉得这件事太荒谬了。因为我们每个人都知道,和尚是用不着木梳的。注意!这就是我们的惯性思维,我们遇到问题时,总根据自己已有的知识,按照一种固定的思路去考虑问题,结果我们就只注意到了"和尚用不着木梳"这个常识,而忽略了木梳除了实用价值,还可以拥有其他的附加价值。而李武却想到了,他把木梳作为一种礼品卖了出去。不是这个办法太高深莫测,一般人想不到,而是因为在现实生活中,人们已经根深蒂固地形成了一种观念:木梳是梳理头发的工具,除此之外别无他途。

观念给我们在思考问题时带来倾向性,解决一般问题的时候可以起到"驾轻就熟"的积极作用。但是很多时候它是一种障碍,一种束缚。所以,如果我们想让自己更成功,就要摆脱固定的思维模式,不断提出解决问题的新观念,你会发现一切皆有可能。

办事要顺应客观规律

我们每一个人办事,都想求得一个圆满的结果。恐怕没有谁只想去办事而不去考虑最终结果的。从事物发展的角度来看:成事须有条件,须顺应客观规律,一味去强求,只会适得其反。

两千多年前,老子告诉我们,办事需顺其自然,顺应客观规律,乱来不得。所谓顺其自然,就是要顺时而动,依势而动;就是要冷静行事,相机行事。需要等待时便等待,需要行动时便行动,而且行必果断,行必迅速。以前有人提倡"有条件要上,没有条件也要上",这种想法近乎一厢情愿。在许多情况下,没有条件,想上其实也上不了,硬上则往往碰得头破血流。因为事物遵循其规律发展的自然过程并不以人的意志为转移。

孟子说:"我们厌恶使用聪明,就是因为聪明容易陷于穿凿附会。假若聪明人像大禹治水,使水循着正常的轨道运行,就不必厌恶聪明了。大禹治水,就是行其所无事,顺其自然,因势利导。假若聪明人也能行其所无事,不违反自然之理而努力实行,那他的聪明也就不小了。"

孟子这里说顺其自然,一是说要顺应事物运行的客观规律办事,二是说要依凭客观条件和情势办事。从行事有为的情况看,顺应事物运行的客观规律,往往就能占尽天时、地利、人和,违逆了客观规律,往往天时、地利、人和全失。比如治水。因为水能流,总往下流,所以我们就可以或堵或导,以使它更好地流。人类学会治水以后,大体上都采取堵导结合的方法,修堤筑坝,该堵则堵,疏浚河道,当导则导,堵和导都是为了让水好好地流,驯服地流。如果像上古鲧那样,只是一味去堵,人类今天是什么状况?很难想象。这就是顺其自然。

俗话说:"末大必折,尾大不掉"。末与本相对,尾与头相反。末大、尾大相对而言,乃是本小、头小也。它违反了常规,如逆转来,就形成了喧宾夺主的悖伦现象了。如果一件事或一个事物处于次要地位的、从属地位的部分超出了居于主要地位的、支配地位的部分,那么该事物就要发生质的变化,变成其他事物了。

围绕这一主题,还有一个典故:

楚灵王派公子弃疾灭掉蔡国后,想封弃疾为蔡公,心里未决,便与上大夫申无宇商议怎么办。

申无宇答曰:"'知子莫如父,知臣莫如君'。关于此事,还是大王您自己决定吧。若要臣表态,那我就给您讲一个故事吧——从前,郑庄公建成栎城后,派子元去防守。子元去后,招兵买马,扩充实力,其势越来越大。到了郑昭公时代，子元的势力能够钳制王室，逼得昭公连'公'字也称不起了。有这么一种说法：不能同时把五个身份高贵的人置于远方，也不能同时把五个身份低贱的人留在朝廷。不能让血亲到外界去，也不能让外臣进入朝廷机要处。这是治国安邦的好方法。大王您不依这个道理办事，竟想让弃疾戍守在外，而使郑丹为臣居于朝内，这将招致大祸呀！请大王明察！"

灵王认为申无宇说得有道理，便听从了他的建议。接着他又问道："国内筑大城是好事，还是坏事？"

申无宇回答："郑昭公因筑栎城而见杀，宋子游为建亳城而被诛，齐无知因渠城被害，卫献公却因蒲城而遭放逐。栎、亳、渠、蒲都是大城，甚至与国都相等。这好比大树一样，当树枝的末梢过大时，树干就不堪其累而折断，又如动物一样，其尾太粗，超过了头部，它就无法摇动、掉转。因此，敦请君主再慎重斟酌。"

申无宇以他头脑清晰，思维敏捷的辩才，深入浅出、有理有据、立论环环相扣的答案，简直无懈可击，不怕灵王不听。申无宇给灵王提供的答案，同时也为我们提供了一个很好的借鉴：办事一定要遵循客观规律，头脑发热盲目地去办事不但不能达到预期的目的还会受到客观规律的惩罚。

第六章
在生存竞争中掌握好攻与守的节奏

竞争,在现代社会是每一个人都无法避免的。既然有竞争,就会有进攻与防守,也就是要想方设法打败对手和保护自己。在这里,攻与守的节奏一定要把握好,既不能一味攻,也不能一味守。从某种意义上说,每一个生存的小环境就是一个被微缩了的战场,只有以高超的竞争智慧协调攻守,才能把握局面。

越是高手越要学会适时而露

一个聪明人不单要能够进取,也要懂得自保,一手持矛攻击别人的同时,另一只手也该牢牢握紧盾牌,提防别人的攻击。

一般而言,在某一方面很"有两下子"的人,往往会很容易赢得在社会中的地位,也容易实现自己心目中的人生目标,或者他本身就已经面带笑容地站在胜利的终点上了。然而,在他的出击进取已经取得这样的成果之后,他手中那把锋利的"矛"又该如何处置呢?刀枪入库,这显然违背了"征途险恶、矛不离手"的基本原则;那么乘胜再战、一往无前呢?这或许很符合积极进取的人生观。然而,有一项必须注意的事项千万不能忘,那就是必须给自己再配备上合适的盾牌;即使在此之前,已经一路奋不顾身地冲杀过来了,但此时,在更高级别的"战斗"之中,更需要为自己尽可能多加几道"保险"。要知道,越是高手,所遭遇的对手的杀伤力也就会越强大。

隋代薛道衡,十三岁时即能讲《左氏春秋》,在隋高祖时,做内史侍郎,炀帝时任潘州刺史。大业五年,被召还京,上《高祖颂》。炀帝看了很不高兴,说:"这只是文辞漂亮而已!"炀帝为什么持如此态度呢?因为他本人正是一个自认文才高而傲视天下之士的人,并且嫉妒心极强,不想让别人超过自己。御史大夫乘机说道衡自负才气,不听训示,有无君之心。于是炀帝便下令把道衡绞死。天下人都认为道衡死得冤枉。其实这不正是因为他的"矛"足够锋利而相应地"盾"却不够坚固而导致命丧黄泉的吗?

那么,遇到这种情况怎么办呢?《庄子》中提出"意怠"哲学。"意怠"是一种很会鼓动翅膀的鸟,别的方面毫无出众之处。别的鸟飞,它也跟着飞;傍晚归巢,它也跟着归巢。队伍前进时它从不争先,后退时也从不落后。吃东西时不抢食、不脱队,因此很少受到威胁。表面看来,这种生存方式显得有些保守,但是仔细想想,这样做也许是最可取的。凡事预先留条退路,不过分炫耀自己的才能,这种人才不会犯大错。这是现代高度竞争的社会里,看似平庸,却是能按自己的方式生存的一种方法。

南朝刘宋王僧虔,是东晋王导的孙子。宋文帝时官为太子中庶子,武帝时为尚书令。年纪很轻的时候，僧虔就以擅写隶书闻名。宋文帝看到他写在白扇上面的字，曾赞叹道："不仅是字超过了王献之，风度气质也超过了他。"当擅长书法的宋孝武帝即位后，想一人以书名闻天下时，僧虔便不敢再露出自己的真迹了，而是常常把字写得很差，因此而得以平安无事。

所以说，越是手中之"矛"锋利无比的人，越是有必要把自己护身的"盾"打造得更为坚固。因为只有这样，才能让二者相得益彰，而不是相反。

在西汉时洛阳有一位男子因与人结怨而处境困难。许多在当地有头脸的人出面当和事佬，但对方一句话也听不进去，最后只好请大侠郭解出面。为了排解纠纷，郭解晚上悄悄地造访对方，热心地进行劝服，对方逐渐答应让步了。这时，如果是普通人，一定会以对方的转变而沾沾自喜，但郭解却不然。他对那位接受劝解的人说："我听说你对前几次的调解都不肯接受，这次很荣幸能接受我的调解。不过，身为外地人的我，却压倒本地有名望的人，成功地排解了你们的纠纷，这实在是违背常理。因此，我希望你这次就当作我的调解失败，等到我回去，再由当地的有威望的人来调解时才接受，怎么样？"

这种做法看起来实在是异于常人，但细想起来，难道不正是一种使自己免遭众人嫉恨的明智之举吗？如此既保护了自己，又留下了为人称道的功绩。谁能说郭解不是大智之人呢？比较起来，那些极力显示自己的"矛"锋利，身上却一无遮拦的人，才是真正的大愚若智啊。

竞争出招要动静结合

竞争出招归根结底，目的只是一个，那就是一方面能让自己朝着预定的成功目标贴近，并最终猎取到手；另一方面，就是要保证在这个过程之中，能把各种外来的打击和潜在的危险降到最低。这也正是强者能赢得辉煌战果的原因所在。这种战术将动与静完美地结合在了一起："矛"、"盾"并用，攻守兼备。在人生角斗场上，高手们各显其能，他们用自己的成功结果充分印证了这一策略的"先进性"。历史上这样的实例可谓不胜枚举。

唐高祖李渊建立唐王朝后，太子李建成和齐王李元吉勾结，多次陷害立有大功的秦王李世民，兄弟间一场生死拼杀在所难免。

李世民身边的文臣武将屡次进言，劝李世民早做打算，抢先动手。李世民每到这个时候，便会面带苦容，叹息不止，说："我们乃是一母同胞的兄弟，纵是他们的不对，我又怎么忍心呢？还是委屈一下吧，时日一长，他们也许会知错而改，一切烟消云散。"

别人都十分着急，深怪他心有仁念，坐失良机。李世民对此如若未闻，暗中却把他心腹的将领尉迟敬德等人找来，对他们说："你们的好心，我岂能不知？不过现在我们安排未妥，事无头绪，又怎能草率行事呢？事若不密，为人察觉，只怕我们先得人头落地了。还望各位详做筹划，切勿泄露。"

李世民边忍边动，加紧布置。由于他表面从容安静，处处示弱，李建成、李元吉果真被欺骗，暗中得意。他们按部就班，一步步地实施整倒李世民的计划，只想假以时日，不愁大事不成。

不久，有报说突厥兵犯境，李建成便保举李元吉为帅，带兵迎敌。李元吉又乘势请求李渊把秦王李世民的兵马归他指挥，李渊答应了他的要求。李世民和他的文臣武将一眼便看穿了他们的阴谋，李世民见群情激奋，故作痛苦的模样安抚众人说："皇上既已同意，看来我只能束手待毙了。这是天意，我又能怎么样呢？"

众人见此，信以为真，不禁泣泪苦劝；有的还要告辞而去，以示抗议。只有几个知情者以目示意，不露声色。

这时又有人进来密告李世民，说太子与齐王早已定下计谋，只等李世民等人给齐王出征送行时，便要密伏勇士，趁机全部杀光，然后太子登位，封齐王为太弟。

众人听此，皆发怒喝，情绪更为激动。李世民见火候已到，这才长叹一声，对众人说："我是被逼如此，各位都是明证。事已至此，只有先发制人，我们才能铲除强敌保全性命。"

李世民分兵派将，伏兵于玄武门。第二天，李建成、李元吉上朝在此经过，伏兵齐出，他们二人猝不及防，李建成被李世民射死，李元吉被尉迟敬德砍杀。

没过多久，李渊便让位给李世民。李世民登基为帝，终于实现了他的梦想。

李世民的这种表面静止，暗中动手的"矛"、"盾"并用策略，可谓一箭双雕。一是麻痹了李建成和李元吉，二是激起了手下文臣武将的义愤情绪，待时机一到，自然一举成功。倘若明着与之对抗，则不但要大大损耗自己的力量，也会因此招来非议，于名声有害。与这种"静"与

"动"的策略相似，兵法上的"明修栈道，暗度陈仓"则更让敌人出乎意料，防不胜防。

公元前206年，项羽率四十万大军挺进关中，意欲攻下咸阳。这里土地肥沃，是秦王朝的核心地区，所以秦兵把守得很牢。进至函谷关时，他才获悉，刘邦的十万大军早已攻占了咸阳城，并自立为关中王了。因为当时农民起义军领袖楚怀王曾许诺：反秦的起义军中，谁第一个攻下咸阳，谁就为关中王。

刘邦的战绩激怒了项羽。他率兵逼进关中，在鸿门（今陕西省临潼东面）扎下营寨，并宣称要消灭刘邦。这时，刘邦在兵力上处于劣势，不能与项羽对抗。所以他亲赴鸿门想稳住项羽。项羽设宴招待刘邦。席间，项羽的谋士范增示意项羽的堂弟项庄在刘邦座前舞剑，企图乘机刺杀他。因为在范增看来，今后刘邦必将是项羽的劲敌。但由于张良和樊哙的保护，刘邦在终席前以"如厕"为借口，逃离了项羽的营寨。

结果，刘邦把咸阳和关中让给了项羽。项羽则在公元前206年自封"西楚霸王"。他的势力范围在今江苏、安徽、山东、河南地区，并定都彭城（今江苏徐州市）。中国其余地区被分为十八个封地。项羽希望刘邦离他愈远愈好。于是就把汉中封给了刘邦，也就是今四川东部和西部地区以及陕西的西南部地区，再加上湖北一小部。刘邦也就因此获得"汉中王"的称号。自此也就有了汉朝的国号和年号。为了防备刘邦今后有非分之想，项羽把与汉中相邻的关中分成了三部分，分别封给三个秦朝降将。直接与刘邦封地相接的雍王就是原秦将章邯。

这样一来，刘邦不得不离开关中。在从关中迁往汉中途中，他命人将途中的一条一百多里长的栈道烧毁。此举一方面可以防止诸侯，特别是章邯军队的入侵，另一方面也可以迷惑项羽，似乎刘邦再也无意回关中了。

　　过了不久，还是在公元前206年这一年，没有得到项羽分封的田荣在原先齐国地区起兵反对项羽。刘邦命韩信做好进攻关中的准备。为了蒙骗敌人，韩信派一些士兵前去修复栈道。章邯得知，觉得十分好笑，说："想用这么几个人把栈道重新修好，简直像儿戏一般。"其实韩信并非真的打算从栈道进攻关中。就在重修栈道开始后不久，他已率领刘邦军队的主力从一条小路，即故道（今陕西凤翔西北）迂回到了陈仓。章邯仓促应战，结果大败。

　　这种做法似乎有明里一套，暗中一套的嫌疑，然而原来就不无残酷的人生战场上，这种以动为"矛"进攻、以静为"盾"护驾的招式，既是颇有实效的，也是不应加以否定的。其实现实中的人情和算计不正是虚虚实实、捉摸不定的吗？如果不能去很好地去用适当的策略应对，就会被无情地挤兑出来，更不要说掌控局势，夺取最终的胜利了。

虚实中的进退招法

　　兵法上讲究"虚而实之，实而虚之"。这种策略同样适用于人生竞技场，只有把握了虚实进退才能在各种情况下措置裕如。

　　"矛"与"盾"作为人生战场上的一种兵器，不管如何，只要一拿

中篇 用智
以策略性的方式生存

出来，就理所当然地会引起对手的警觉和防备，并且会想尽一切办法被人破解掉。因此，善于将"矛""盾"的功效在任何情况下都能发挥出来的高手，往往会制造出一种虚实不定的形势，在对手的不知不觉中，将他的攻击化解掉，而同时又给其以致命的打击。

与狡猾的对手周旋不但要虚招实招并用，而且要"矛"与"盾"齐上阵，攻中有防，防中带攻，虚实相间，攻防结合，才能让对手对自己既无懈可击，又难以招架。

民国骁将蔡锷将军，在与袁世凯斗智中，把虚实相间的矛盾兵法应用得可谓是滴水不漏。

袁世凯窃取革命果实后，想拉态度"暧昧"的蔡锷入伙，便以组阁为由，召其进京。蔡锷抱着放弃主义的态度，整天饮酒狎妓，在八大胡同流连忘返。尽管如此，袁仍不放心，每天都要派密探监视蔡锷的行踪。不久，袁氏称帝，蔡锷内心作痛却不动声色，也欣然劝进，晓谕部下拥戴帝制。蔡锷还整天与袁氏帮凶六君子、五财神、八大金刚等人周旋，甚至帮助筹备登基大典。袁氏疑虑稍减，并拿出巨款收买蔡锷。蔡锷暗中把钱存下以做日后大举经费，表面上更是沉溺于酒色，还经常留宿名妓小凤仙之处，甚至为此闹到法庭要与夫人离婚。

这下子，袁世凯放心了，把密探全部撤掉。对此，蔡锷仍没什么反应，反而整日忙于广置田产，修造房屋，收集古玩，连公府召见也难得一见他的影子。一天傍晚，蔡锷在小凤仙的住所举行宴会，遍请六君子、五财神等人，席间歌声笑语、丝竹齐鸣，加上猜拳行令，谑浪欢呼，一派花天酒地之象。蔡将军大饮大嚼，兴致欲狂，终于酩酊大醉，呕吐狼藉，来宾们也都酒意十足，畅然散去。次日天未破晓，小凤仙推醒蔡锷说:"时间已经到了。"蔡将军猛然而起,悄然离去,赴天津,去日本,转道海上至云南。至云南独立,其他各省继起响应,人们方才领悟其深远之计。

蔡锷将军之所以纵情声色,购置田产,与妻子离婚等等,都不过是故意掩饰自己的真实面目,麻痹老奸巨猾的袁世凯,以为日后脱身做掩护之"盾"。对此,老奸巨猾的袁世凯毫无察觉,等达到目的后,手中长矛锋芒毕露时,袁氏也只能梦醒无奈,徒然幡悔。

看来,"矛"与"盾"在特定环境下的应用,也是很需要讲究策略的。因为处于复杂条件下的我们,即使有利矛厚盾,也总是不能随心所欲;很大程度上,对手的实力和"狡猾指数"才是我们灵活运用每一种策略的依据,这一点,应是必须加以注意的问题。

避免犯同样的错误才是最坚实的自保盾牌

竞争场上的智者身经百战,但也难免要遭遇几次失败,不过他不会纠缠于失败本身,而是探寻失败的原因,避免再犯类似错误。这也正是他的不同凡响之处。一个人如果只会为失败哀叹,那么他的失败就毫无价值,只有接受教训、积累经验才是聪明的做法。

明代绍兴名人徐渭有一副对联:"诗不如行,试废读,将何以行;蹶方长智,然屡蹶,讵云能智。"这副对联,科学地阐述了理论与实践、失误与经验的辩证关系。上联是说实践出真知，理论指导行动。下联"蹶方长智"，通俗的解释即"吃一堑，长一智"。但如果有人因此而认为"吃一堑"与"长一智"之间存在必然性，那就错了。不是说吃一堑一定能长一智，而是吃一堑有可能长一智。这种可能性要转变为必然性，必须有一个条件，那就是要从失误中总结教训，积累经验，这样才能长智。如果错后不思量，那么同样的错误还会不断重复出现。这就是"屡蹶，讵云能智"的精辟之处。

一个人遭受一次挫折或失败，就该接受一次教训，增长一分才智，这就是成语"吃一堑，长一智"的道理之所在。

从前，有个农夫牵了一只山羊，骑着一头驴进城去赶集。

三个骗子知道了，想去骗他。

第一个骗子趁农夫骑在驴背上打瞌睡之际，把山羊脖子上的铃铛解下来系在驴尾巴上，把山羊牵走了。

不久，农夫偶一回头，发现山羊不见了，忙着寻找。这时第二个骗子走过来，热心地问他找什么。

农夫说山羊被人偷走了，问他看见没有。骗子随便一指，说看见一个人牵着一只山羊从林子中刚走过去，准是那个人，快去追吧！

农夫急着去追山羊，把驴子交给这位"好心人"看管。等他两手空空地回来时，驴子与"好心人"自然没了踪影。

农夫伤心极了，一边走一边哭。当他来到一个水池边时，却发现一个人坐在水池边，哭得比他还伤心。农夫挺奇怪：还有比我更倒霉的人吗？就问那个人哭什么，那人告诉农夫，他带着两袋金币去城里买东西，在水边歇歇脚、洗把脸，却不小心把袋子掉水里了。农夫说，那你赶快下去捞呀！那人说自己不会游泳，如果农夫给他捞上来，愿意送给他20个金币。

农夫一听喜出望外，心想：这下子可好了，羊和驴子虽然丢了，可将到手20个金币，损失全补回来还有富余啊！他连忙脱光衣服跳下水捞起来。当他空着手从水里爬上来时，他的衣服、干粮也不见了，仅剩下的一点钱还在衣服口袋里装着呢！

没出事时麻痹大意，出现意外后惊惶失措，造成损失后急于弥补，三个骗子抓住人的这些性格弱点，轻而易举地全部得手。

应该说，人们在工作、生活中遭受类似这样的挫折和失败是难以完全避免的，虽然"吃堑"终归不是什么好事情，但如果吃了堑，也不长智，就是愚蠢至极了。

错误本身并不可怕，可怕的是错得没有价值。一个人虽然犯了点小错误，但如果他能总结失败的教训，知道自己为什么失败，并不再犯更大的甚至是致命的错误，则错误对他来说比成功的经验还重要。

有人曾经根据能否有效利用错误的价值把人分为四类。第一类人不能从失败中汲取教训，总是犯相同的错误，这样的人不可救药；第二类人虽然能够从错误中汲取教训，不犯相同的错误，但由于不能从失败中发现规律性的东西，所以总是犯不同的错误，这样的人也难以救药；第三类人能够总结自身错误的教训和规律，算得上是聪明人，但由于只能从自身的失败中进行总结，所以虽然不犯自身相同的错误，但总是犯别人犯过的错误，这类人比第二类人又高出一筹；第四类人既不犯自己犯过的错误，又不犯别人犯过的错误，凡是别人的经验，也成为他的经验，凡是别人的教训，也成为他的教训。只有第四类人才是最善于利用失败的价值的。

人在成功的时候，总是认为自己是高明的，而很少归结为运气，而出错时，却总是以运气不佳为借口，害怕承认错误、分析错误，以致以后故态复萌，再犯同类的错误。殊不知错误本身都有其可以借鉴的价值，而只有那些善于从失败中总结经验教训，不怨天尤人的人，才能避免重复犯错。

你可以不懂得："人非圣贤，孰能无过"那一套，但却不能不知道亏不白吃，当不能白上，不总结出点经验来，就是对不起自己。其实，能够吃一堑长一智，从自己"盾"的防守疏失中总结出教训和经验来，在此基础上铸造出更厚实和全面的"盾"，也未尝不是一件好事。但如果光吃堑而不长智，导致破绽越裂越大，那就会走向一个不可挽回的可怕的深渊。

缝补好自己的每一处破绽

我们已经承认，在人的一生中，难免都会有失手、失防，甚至对一切感到绝望的时候，我们姑且称此为破绽时期。那么接下来我们所要面对的任务，自然是去"缝补"它。

有一个男人因为妻子红杏出墙而对朋友说："从今以后，我不再相信任何女人。"

他的朋友对他说："你不要对这件事耿耿于怀，更不要因这个痛苦的经验而决定你的未来。"

安娜养了一条美丽可爱的狗，不幸死了，过了一段时间，朋友问安娜："安娜，什么时候再养新狗？"

她说："我不再养狗了。"

朋友问她："为什么？"

她说："免得再遭受丧狗之痛。"

朋友告诉她说："安娜，不要忘不了心里的创伤，一切的痛苦都是由人生的破绽引起的，如果你受它的影响而决定未来，是不对的。"

确实是不对的，就像一个人的衣服被划了条口子，他正确的做法当然是找裁缝缝补，而不会任其自然地让它越裂越大。当然，扔了它也可以，但关键是得另有一件。衣服也许能另有一件，但我们的人生，却不可能另有一次。

有的人认为自己的工作或事业已经不能再做下去了，恐将遭到失败的命运。凡是有理想的人，都不免有挫折感，比如时间不够、资金不足或被别人出卖等，光是这些挫折就足以把人压垮，但如果这些受挫折的人就此把自己的自主权让给了挫折，他必然会在失望、放弃中彻底不可救药，让自己的破绽开裂加剧，最终变成吞没自己的深渊。实际上，人生不如意十之八九。

身边的亲人可能发生车祸、受人诈骗、遭逢意外……在工作上你也难免会碰到人际关系的摩擦或是工作本身发生种种棘手的问题，而关键就在于你该如何处理与看待这些问题。

面对相同的破绽时，有人会扛起所有的压力，尽力去缝补，而有些人则破衣服破穿，破罐子破摔。

若问其间的差异是怎么造成的，不过是想法不同而已。

你可以环顾一下周围，当某人遭遇一般人皆视为重大的困难却能顺利过关、攀向成功的巅峰时，毫无例外，他平时的思考方式必然是正面的。

人生的道路原来就布满荆棘，唯有攀越苦难的山脊才能发现甘美的契机，也唯有经历过杀戮战场的锻炼才能孕育坚韧的生命力。所以，即使有小小的挫折、破绽或不如意，也绝不能轻易被击垮。

相反地，接受不了自己人生破绽的人平常就习惯以负面角度来思考事情，只要吃了点苦头就会急着喊"不行了"或"我受不了了"这类的丧气话，而事实的演变往往遂其所愿——被现实打倒，再也爬不起来。

让我们仔细想一想，天底下谁能称心一辈子而毫无困难与压力呢？不论小孩或大人、学生或社会人士，只要你一天在社会生活中滚打，自然就有不得不忍耐的事，也必定会有让你气愤的状况及纠纷发生。

倘若缺乏这样的认识，将会因微不足道的小破绽而毁了自己曾苦心铸造起来的人生盾牌，从此置自己于毫无遮拦的风险和打击之中，体无完肤，甚至难以支撑到人生的终点。

这种结局显然是任何人都不愿意让它发生在自己身上的，但可悲的是，偏偏有人在稀里糊涂中，不知死活地把自己朝这个方向推进。他们破绽百出，摇摇晃晃，丢盔弃甲，却从来不知道仔细地看一看自己的状况和处境，更不用说去缝补好自己的破绽了。他们心里想的，也许是如何节约时间和精力，让自己有更强劲的进取攻击力，但实际上，却早已连老本也难保了。这非常像一句歌词所唱的那样："一直以为我自己是在向上飞,却没想到,我是在往下坠!"也许升与坠,进取与自保,本身就是一对"矛盾",但我们所面临的最严重的问题,其实不在这里,而是如何将它们统一起来,找到平衡点,以防迷失于对一方的"执着",陷入危险的境地。

下篇 用力

做人就是要活出自己的胆气和刚性

所谓用力，这里是指做人要做出"力度"，也就是说要有自己的个性和棱角，要活出一个有尊严的人应有的胆气和刚性。很多人把圆滑处世作为立足社会的法则，这样的人一味只求自保，缺了胆气、骨气。实际上，一个人要想活得顶天立地，活出自己的风采，就不能少了做人的"力度"。

第七章
锤炼自己性格的刚性

人人都面临着巨大的压力，职场中人面临着就业、择业的压力，独自创业者面临着创业的压力。在这种形势下，软弱、不思进取者终将被淘汰，唯有培养刚毅的性格方能适应这个时代。刚性是一种力量美和沧桑美，刚性是不屈不挠的精神和自信性格的体现。

在逆境中锻造刚毅之美

刚毅拯救了尘俗边缘的灵魂，摈弃了世俗的舒适和安逸带来的贪恋、犹疑、怯懦，所有的困厄在其面前最终只能销声匿迹。

刚毅体现壮美，这种壮美势必扬弃盲目的追求和取舍，让思想更深刻、心灵更坚韧、品德更高尚。

自然而完美的高音，唯有帕瓦罗蒂！

他是一个从小生长在家境十分贫寒中的苦孩子，有一个做面食师的父亲，雪茄厂做工人的母亲，收入的微薄却从未动摇过一个孩子对歌唱的执着。

声乐课后的帕瓦罗蒂还要做每个月仅8美元的家教，这对他是杯水车薪。于是他又做保险，却又因此导致声带受损，无法发音。这对于他无异于雪上加霜。疾病几乎令他却步！但他的骨子里却一直涌动着顽强不息的斗志。

痊愈后的帕瓦罗蒂开始在意大利一歌剧院演出。他备受排挤、压制，表演的机会少得可怜，但他始终没有放弃潜心苦练。1963年世界著名指挥家冯·卡拉发现了这个人才。在1970年《军中女郎》的一个咏叹调，他以一连串爆发9个高音C的奇迹，征服了美国音乐人赫伯特·布莱斯林，同时也征服了世界。一个穷孩子成长为男高音歌唱家，靠的就是与困境进行顽强斗争的精神。

弥尔顿有句名言："谁最能忍受苦难，谁的能力最强。"乘风破浪，顽强拼搏。苦难或许是上帝送给人最好的礼物，通过艰苦磨炼才会产生不屈不挠的人。

苦难往往是经过化妆的幸福。"黑暗并不可怕。"一位波斯圣哲说。苦难往往是令人心酸的，但是它是有益于身心的。不屈不挠的人是自信的，他的人生字典写满成功；不屈不挠的人是刚强的，他总有一个支撑自己的精神支柱。最高尚的品格是不屈不挠磨炼出来的，一颗坚韧而又刚毅的心灵从炼狱般的锻造所获取的要比从安逸享受产生的成功多得多。

同一种命运，对刚毅的人和懦弱的人会有不同的结局。懦弱的人屈从命运,刚毅的人用不屈不挠的精神改造命运,锻造人生。

莎莉·拉斐尔是美国著名的电视节目主持人,曾经两度获奖,在美国、加拿大和英国每天有800万观众收看她的节目。可是她在30年的职业生涯中,却曾被辞退18次。

刚开始,美国大陆的无线电台都认定女性主持不能吸引观众,因此没有一家愿意雇用她。她便迁到波多黎各,苦练西班牙语。有一次,多米尼加共和国发生暴乱事件,她想去采访,可通讯社拒绝她的申请,于是她自己凑够旅费飞到那里,采访后将报道卖给电台。

1981年她被一家纽约电台辞退,无事可做的时候,她有了一个节目构想。虽然很多家广播公司觉得她的构想不错,但因为她是女性,还是没有公司愿意雇用她。最后她终于说服了一家公司,受到了雇用,但她只能在政治台主持节目。尽管她对政治不熟,但还是勇敢尝试。1982年夏,她的节目终于开播。她充分发挥自己的长处,畅谈7月4日美国国庆对自己的意义,还请观众打来电话互动交流。令人想不到的是,节目很成功,观众非常喜欢她的主持方式,所以她很快成名了。

当别人问她成功的经验时,她发自内心地说:"我被人辞退了18次,本来大有可能被这些遭遇所吓退,做不成我想做的事情。结果相反,我让它们鞭策我前进。"

正是这种不屈不挠的性格使莎莉在逆境中避免了一蹶不振、默默无闻的一生,走向了成功。

不能缺少冒险精神

世界的改变，事业的成功，财富的获得，常常属于那些敢于抓住时机，适度冒险的人。

在我们的传统民族性格中，对谨慎是十分推崇的。

谨慎，确实是我们办好事情的前提条件。遇事采取小心谨慎的态度，跌得跤就肯定要少一些。但是，在复杂多变的现代社会，未来的形势常常不是很明朗，过于强调小心谨慎，以至于处处谨小慎微，就会束缚我们的手脚，让我们不敢大胆地采取行动。因此，当代人既要有谨慎的性格，也要敢于冒险。

冒险，曾经是一个不怎么光彩的名词。头脑简单者，曾给这个词添上鲁莽的色彩；利欲熏心者，又曾给这个词添上投机的色彩。其实，冒险和成功常常是相伴的，尤其是现代，冒险精神更为竞争所必需。我国目前处于大力发展商品经济的时代，而冒险就是商品经济社会的一种时代精神。与传统的自然经济不同，在商品经济下，人们面临的是一个千变万化的市场，而不是一个静止不变的乡村与家庭。对商品生产者来说，他的每一项决策，每一次行动，既有成功的希望，也有失败的可能。正如马克思所说："交换不成功，摔坏的不是商品本身，就是商品生产者。"如果生产者不敢冒险，那他不仅失去了成功的希望，而且也避免不了失败的结局。这是因为，商品经济就是一种竞争经济，竞争就是非胜即败。"逆水行舟，不进则退"，从这个意义上说，风险是不可避免的。不敢冒险，其实也是一种消极冒险。在市场经济中不可能完全克服经济因素中的自发因素，生产经营中的风险就是客观存在的。因此，冒险精神仍然应该是我们的一种时代精神。

纵观历史，我们就会发现：一个民族的振兴，一个国家的繁荣，都与这个民族所具有的冒险精神分不开。冒险精神常常能更充分地体现一个民族的创业精神。可以说，没有一大批冒险家从事美国西部地区的开发，就不会有今天的美国。同时，历史经验也表明：如果缩手缩脚，即使有比别人更新的思想，也只能错过机会，成为过时的东西。在中世纪的欧洲，不就有许多怀有新颖思想和见解的学者，因为缺少勇气，而被神学禁锢了自己的创新成果吗？如果没有哥白尼、布鲁诺那样勇敢的科学家，荒诞的"地球中心说"不知要延续到何时。科学的巨大进步，社会的飞速发展，都需要有一大批敢于冒险者充当开拓者。我们国家当前正处于一个改革和开拓创新的时代，这就更加需要冒险精神。

社会主义改革是前无古人的伟大事业，没有先例可循，全靠我们自己去摸索。没有一大批敢于冒险的开拓者，我们的改革事业就将难以前进。对于个人发展来说，冒险则成为通向成功的必由之路。在很多情况下，强者之所以成为强者，就是因为他们敢为别人所不敢为。孙悟空之所以被群猴尊为"美猴王"，就是因为他敢于第一个跳进群猴都不敢进的水帘洞，为群猴找到一个理想的栖身之所；诸葛亮敢于在大军压境之际，大摆空城之计，惊退司马懿，虽有计谋在胸，但若无几分冒险精神，也不敢为。

当今社会所涌现出来的许多改革家，所面临的不是连年亏损的企业，便是濒临破产的工厂，或者是穷得叮当响的山村，搞不好，非但国家财产付诸东流，而且个人声誉也毁于一旦，没有冒险气概谁敢为之。沿着平安坦途走路的人，很少是创立大业的。平庸的人喜欢按部就班，安于无功无过。敢逾常规、敢冒风险的人，才有可能创造出瑰丽的业绩。

要想冒险，就不要害怕失败。愈是称得上冒险的行为，失败的危险性就愈大。那也不要紧，敢于冒险，就是敢冒失败的危险。在改革之年，一大批热血青年踏上了改革之途，他们之中有成功者，也有失败者。全国有一批成功的厂长、经理，也有更多的饱受失败打击的创业者，这并不奇怪。事物发展的客观规律一再证明，成功和失败像一对孪生兄弟，如果只许成功降世，不许失败诞生，也就等于扼杀了成功。马克思早就指出，如果什么事情都要保险绝对成功才可去做，那么创造历史也就太容易了，天下哪有此等容易的事！所以，一个外国企业家一语中的地说："畏惧错误，就是毁灭进步。"

冒险不是靠碰运气，而是靠理智。倘若一点可能性也没有，就冒失轻率地干起来，这就不是冒险，而是盲动，有时简直近于自杀。冒险要建立在科学分析、理智思考和周密准备的基础之上。古人云："六十算以上为多算，六十算以下为少算。"因此，有60%以上的把握，就应当机立断，敢于大胆地去行动。

生命的真正意义在于体验。

生命中最精彩的就是体验冒险，在对未知世界的不断体验中，我们能够生动地感知生命的可贵价值。

在人类的历史中，只有那些敢于向陈规挑战，富有创造和冒险精神的人，才能留下令人称颂的不朽业绩。

著名的战地记者唐师曾先生,他亲临大学做报告的火爆场面令人难以忘怀。唐师曾之所以成名,就在于他多次深入"死亡之地"的一次次冒险,拍下了无数颇具价值的新闻照片。

他是一个乐于冒险的人,他用他特有的方式向人们诠释了一个朴素的哲理:要得到别人羡慕的目光,就要付出常人所不能付出的代价。轻而易举取得成功的人是不会引起人们过多关注的。

人们把称颂和荣誉送给了他。对于唐师曾来讲,等于把生命的意义重新赋予了自己。唐师曾和妻子自费前往巴格达,亲眼见到了饱受战争之苦的伊拉克人民的苦难。习惯了与死神擦肩而过的他诙谐地打趣:"咱家的鸭蛋都放在一个篮子里了。"

唐师曾的勇气和胆量缔造了他的成功!仍在成功的门外徘徊的人们,不需再问自己为什么没有成功。你没有勇气打开那扇虚掩的门,成功当然不会自动走到你的面前。

敢于冒险的人生,才是真正有意义并富于刺激性的人生。只有那些不断超越自我,以锐不可当的勇气,为自己拓展一片事业的人,才能真正感受到冒险所带来的无穷乐趣。

努力让自己成为一个性格刚毅的人

有的人天生刚强,但也有人天生过于柔弱。如果你的柔弱成为让你更加优秀的障碍，就应试图改变它，而努力让自己成为一个性格刚毅的人。

（1）最重要的是磨砺意志

没有坚强的意志就不可能做到独立自主，就不可能持之以恒，也不可能把自己从懦弱的性格中拯救出来。磨砺意志就要做到坚守目标、坚定不移、不屈不挠和坚韧顽强。在不断的磨砺中成长，征服人生才更有意义，价值才更有分量；同时它会激发人心灵的潜能。对于生性怯懦的人，这是一个最好的鞭策，让人自觉地背负起人生的一份责任。

（2）远离柔弱

柔弱的人暴露的是自身的缺憾。有的只是举棋不定，或逃避或退让。厄运可以吞噬柔弱者的自信和追求，抹杀他们对人生的正确认识。对付柔弱的往往是强悍，只有用勇敢、坚强的心代替柔弱的心，才能使性格中更多一些刚毅的成分。任何柔弱的表现都可能被逆境困扰，唯有刚毅的性格才能在厄运的面前无所畏惧，坦然面对。

（3）困难的时候一定要挺得住

刚毅的人把困难当做奋斗的养料。人生不是苦旅，但人生无坦途。我们需要注入的是钢铁一样的意志，在困难面前永远不要低下高贵的头。做一个严谨、清醒、客观、超脱的朝圣者，而不仅仅是参与者、守望者。你需要咀嚼困难，来为生命注入一份新的活力。所有的困难都是纸老虎，所以困难来了，不要怕，一定要挺得住！

（4）不为环境改变生活的规律

总喜欢看绿荫草坪旁那些精神矍铄的老人。每天早五点开始的长跑成了公园中最有气息的流动风景。这是一群没有风雨寒暑概念的老人。人们都说公园中永恒的风景不是甬路旁安然不动的基石，因为它们死寂；而是每天晨练的那些老人们。老人们坚持不懈的韧性正体现着历经人生风雨后的刚毅。

不为环境而改变自己，使他们更具有一种把握人生的凝重和沉厚之美。

像他们一样坚持自己的生活规律，你的刚毅性格才更有持久性。

（5）总给自己设计"下一站"

当有记者问球王贝利："这么多年的体育生涯，你最得意的球是哪一个？"他说："永远都是下一个！"上一个已然过去，即便是辉煌也已交付昨日。人生的追求不能浅尝辄止，挑战没有老面孔，挑战无处不在！人不能躺在过去的成就上遥想未来。总给自己设计"下一站"，让自己处在积极的备战状态，才能使灵魂得以锤炼，才能怡然傲视万物。人生没有驿站，无望的喘息和骄矜的自诩总会衍生形式上的虚荣。给自己设计"下一站"，让性情备受冲击，就如萎靡的枝芽被注入琼浆后的挺拔。这就是刚毅！

（6）在爱情的折磨面前，依然给世界一副深沉的身影

人的情感是单一的，但又是复杂的。因为人的心是多变的。当爱情不再是一杯醇香的美酒时，它也难以成为晶莹剔透的白水，因为里面杂糅了曾经的欢笑、曾经的誓言、曾经的厮守、曾经的缠绵和最终的深深的烦抑或无止的恨。它从灵魂深处让一个人的意志沦丧又在外表失真。这或许真的是一种苦，咀之不尽，咽之不下。然而，鲜花不一定都在春天盛开！给过去一个深沉的身影，让灵魂有一个舒坦的归宿，让一切都

在遗忘中沉淀！

（7）打掉牙和血一起咽下

被鲜花和凯旋围绕的时代已远去，生活的艰辛与苦难又卷土重来，令人猝不及防。人生不如意者十之八九。懦弱的人总是虚张声势，他们脆弱的灵魂，徘徊在生命的绝望里，飘浮在犹疑地烦躁中。

人性呼唤隐忍！打掉牙和血一起咽下！它不代表丝毫的懦弱，而是坚强和刚毅的淋漓写照。咀嚼林林总总的痛苦和不幸，慰藉被焦虑、绝望、彷徨和愤恨充斥的灵魂，再以灿烂的微笑将自己融入尘世滚滚的洪流中，你的性格才能有一种历练后的超脱。

（8）沉默但不流泪

苦难不同情眼泪。泪水滑落的是人的愁怨，或许还有凄婉、失意、无助。刚毅的人宁愿在心中滴血，也要忍住无望的泪水。流泪的人默等的是一份没有归期的守候，刚毅的人会让一切不如意为之汗颜，为之俯首。

对生活的释然使刚毅的人有了洞察世事的双眼。泪水会熄灭斗志的火焰，浸软气节的钙质。唯有沉默是流泪的最高境界。它默默地收留人的内心所有的软弱，让你打点行囊，轻松出发，让长长的背影写尽人生的凛然深沉！

做个忠于自己、保持本色的人

忠于自己，也就是积极地评价自己。不管在别人眼里有多少毛病，都始终自我感觉良好，始终认为自己是对的。这让人有时显得很自负，甚至有时候有点霸道，但这也让你看问题做事情高度自信。

其实有时我们过分压抑自己，会使我们迈向另一条岔路。一个人的错误永远犯不完，人生的负担你想多重就有多重，应该努力在个性张扬中活出属于自己的精彩。

生活中，许多人喜欢追求完美，但真正的完美没有几个人能追求到，于是就有了遗憾、有了痛苦、有了失落感。其实这大可不必，因为生活本来就没有绝对的完美，只有正确地评价自己，看到自己的优点和长处，你才能够拥有不断进取的勇气和力量。

成功者总是这样认为："我喜欢我自己，我就是我。没有比这更美好的了，包括我的出生、我的生长，我因为我就是我而庆幸。无论我生在什么时代，我都不愿成为别的什么人，而只愿成为自己。"正是这种凡事向前看的思考方法，才会使人积极地进行自我评价。当然，这种善于自我肯定的思考方法，并不一定是天生的。它也是在日常生活中通过不懈地修炼而来的。人们不仅从有所成就的父母那里继承，还会从优秀的老师、前辈、朋友那里得到鼓舞和勇气，受到启示。在接受长期教育的基础上，才成为有自信心的人。

在一次演讲比赛上，有位女同学向老师抱怨自己的演讲没有达到自己预期的效果。她说当她站起来演讲时，立刻意识到自己笨拙、胆怯的表现，而班上的其他学员似乎都显得泰然自若，很有信心。她一旦想到自己的种种缺点，便失去了勇气，无法再讲下去了。她还详细地分析了自己的弱点，以求解决的办法。

等她讲完后，老师告诉她，别总想着自己的弱点，并不是缺点使自己讲得不够好，而是自己没有把长处发挥出来。

的确，并不是缺点使人们的演讲、艺术作品或个性显得失败。狄更斯的小说里有不少过度矫情的地方；莎士比亚的戏剧里也有许多历史和地理上的错误。但人们读他们的作品时，没人会注意这些缺点，这些作品之所以会闪耀着不朽的光辉，是因为它们的优点十分显著，以致连缺点都变得不重要了。人们爱自己的朋友，是因为他们的种种优点，而不是缺点。

把注意力放在自身的优良品质上，培养优点，克服弱点，认识到你的一生都是在前进，在开发自我。有了这种认识，然后加以坚持不懈的努力，这样才能不断进步，并自我实现。

遗憾的是，生活中总有些消极的情绪影响我们做出正确的自我评价。精神病理学家巴纳德·赫兰博士曾对那些少年犯做过如下评述："初见他们时常给人以独立心极强的印象，富于反抗，对父母，教师，警察等象征某种权力的人怀有嫌恶感，并对一切都表示不满和不服。然而在他们过度防御的坚实盔甲下面隐藏的却是一颗极其柔弱易碎的心灵。实际上他们在任何时候都希望依赖某个人。"

当我们犯下一些错误或是失去生活中的某种机会时，总是习惯于向别人抱怨。要知道，这种向别人诉说你不喜欢自己的地方，只能是加强你继续对自己不满，因为别人对此几乎总是无能为力的，至多只能加以否认，可你又不会相信他们的话。向别人抱怨是无济于事的，只有自己给予自己一个积极而且比较客观的评价，才有利于你的进步。

有了对自己的正确评价，你就会懂得真正的自我不在于形式的表现，而是一种内心的强大力量。诺贝尔和平奖获得者鲍尔奇曾经受托为一个晚宴确定宾客座次，要使所有有身份的人都感到满意，这件事确实会令人为难，即使对一个专业的礼仪公司来讲也不大好办。而鲍尔奇运用自己独特的办法去做这件事。在宴会前，他告诉大家，请宾客自便，喜欢坐在哪儿就坐在哪儿，他说："真正重要的人都是不在乎别人怎么看待自己的，而在乎的人都是不重要的。"

我们应该承认这样一个事实："人是具有个性的存在"。此外我们还可以这样理解："世界上的任何人，都应该享有发挥自己才能的平等权利。"

在莎士比亚的《哈姆雷特》中，宰相波洛涅斯这样说："最最重要的是忠于你自己。你只要遵守这一条，剩下的就是等待黑夜与白昼的交替，万物自然地流逝；倘若果真有必要忠于他人，也不过是不得不那样去做。"

特立独行才能走出自己的路

一些成功者正是靠胆大妄为、特立独行的个性，走出了一条自己的道路。

在现代社会，要参加激烈的竞争，最忌讳跟在别人的屁股后面随大流，虽然这样看上去比较保险，不会损失你的一分一毫，但是，人走我随，亦步亦趋，将永无成功之日。只有让自己变得与众不同，你才能够离开别人走熟的途径，闯入一个新的境界。

古希腊有一个"戈迪阿斯之结"的故事：

凡是来到弗里吉亚城的朱庇特神庙的外地人，都会被引导去看戈迪阿斯王的牛车。人们都交口称赞戈迪阿斯王把牛轭系在车辕上的技巧。

"只有很了不起的人才能打出这样的结。"其中有人这样说。

"你说得很对，但是能解开这结的人更加了不起。"庙里的神使说。

"为什么呢？"

"因为戈迪阿斯不过是弗里吉亚这样一个小国的国王，但是能解开这个结的人，将把全世界变成自己的国家。"神使回答。

此后，每年都有很多人来看戈迪阿斯打的结子。各个国家的王子和政客都想打开这个结，可总是连绳头都找不到，他们根本就不知从何着手。戈迪阿斯王死了几百年之后，人们只记得他是打那个奇妙结子的人，只记得他的车还停在朱庇特的神庙里，牛轭还是系在车辕的一头。

有一位年轻国王亚历山大，从隔海遥远的马其顿来到弗里吉亚。他征服了整个希腊，他曾率领不多的精兵渡海到达亚洲，并且打败了波斯国王。

"那个奇妙的戈迪阿斯结在什么地方？"他问。

于是他们领他到朱庇特神庙，那牛车、牛轭和车辕都还原封不动地保留着原样。

亚历山大仔细察看这个结。他对身边的人说:"过去许多人打不开这个结,都是陷入了一个窠臼,都认为只有找到绳头才能将结打开,我不相信,我不能打开这个结。我也找不到绳头,可是那有什么关系?"说着,他举起剑来一砍,把绳子砍成了许多节,牛轭就落到地上了。

亚历山大说:"这样砍断戈迪阿斯打的所有结子,有什么不对?"

接着,他率领他那人马不多的军队去征服亚洲。

没有人能够因仿效他人而获得成功。哪怕他是仿效一个伟大的成功者。成功不能从抄袭、模仿中得来。成功是必须经过创造完成的。一个人一旦丧失自我,他就会失败。

我们身边的每种职业,都有可以改进的余地。有创造力的人,永远不怕没有用武之地。

有一位叫刘耀庭的人就有一绝——为小提琴诊断看病,经他的手给以"针刺",小提琴立刻变得音色美妙,令世人称奇。刘耀庭的这手绝活就是自己摸索出来的。他大学毕业分到北大荒一个农场工作。他学的是中文,搞过美学。后来,他开始沉湎于对小提琴的起源和发展,研究三百年来世界音乐界对小提琴美妙音色的来源和各种争议。之后他开始作动态研究,从刮削琴体的各个部位入手,探寻琴板厚薄与音色之间的关系。时间长了,琴板刮削之后显露出的一道道清晰而又神奇的纹理引起了他的注意。他试探着改变某些木纹结构,结果一种奇特现象发生了,相关的琴音发生变化。经过多次摸索,他终于把握住了琴板木纹和琴声之间关系的规律,练出了一手通过改变纹理纠正琴音的绝技。

刘耀庭的绝技引起音乐界的注意,他被请到中央音乐学院音乐厅,有几位专家教授想亲眼看看他的"针刺疗法"。他们随意将一把小提琴递给他，只见他对琴背部的木纹做一番细致观察之后，就诊断出这把琴音色的毛病。他手握一把小钢锥，在缜密的木纹之间确定穴位，然后进行"针刺"，轻轻敲打。几番功夫下来，被"针灸"过的小提琴的音色即刻变得优美起来，犹如换了一把琴似的，把专家们惊得目瞪口呆。他的技艺堪称"神州一绝"，自然为他赢得了成名的机遇，从此他在音乐界成了奇人、名人。

刘耀庭就是在一个冷门中钻出成绩，形成绝技，在这个领域中创造出无人匹敌的独到优势，成了难得的人才。自然，这绝技也就成为赢得机遇的资本。可见，从捕捉成功机遇的角度看，走别人没有走过的路，在冷门上建立优势是十分容易出成果的。

亚历山大、刘耀庭这样的人从来不担心自己的主张或计划没有先例可援，虽然年纪轻轻，阅历不多，不一定会为人所尊重。但他们相信凡是能够将自己的创造力奉献给世界的人，凡是敢用自己的思想，敢用自己的见解和方法去看待事物的人，最容易在创造中获得成功并被人们所接受。

意志坚强才能干成大事

"响鼓"就要经得起"重锤"敲，受不得一点刺激的人才是真正的

"逃兵"。

松下电器公司招聘一批基层管理人员，采取笔试与面试相结合的方法。报考的人有几百，经过一周的考试，通过电子计算机计分，选出了十位佼佼者。当松下幸之助将录取者一个个过目时，发现有一位成绩特别出色、面试时给他留下深刻印象的年轻人未在十人之列。这位青年叫神田三郎。松下幸之助叫人复查考试情况。结果发现，神田三郎的综合成绩名列第二，只因电子计算机出了故障，把分数和名次排错了，导致神田三郎落选。松下立即吩咐，给神田三郎发录用通知书。第二天公司派人转告松下先生一个惊人的消息：神田三郎因没有被录取而跳楼自杀了。

听到这一消息，松下沉默了好长时间，一位助手在旁也自言自语："多可惜，这么一位有才干的青年，我们没有录取他。"

"不"，松下摇摇头说，"幸亏我们公司没有录用他。意志如此不坚强的人是干不成大事的。"

是的，连这么点刺激都受不了，还指望他能做什么呢？同样是面对刺激，我们来看看亨利·福特是怎么做的。

汽车大王亨利·福特曾提到，自己之所以能有如此的成就，是缘于在一家餐厅发生的一件小事。

根据亨利·福特的描述，在他还是修车工人的时候，有一次刚领了薪水，兴致勃勃地到一家他一直十分向往的高级餐厅吃饭。却不料，年轻的亨利·福特在餐厅里呆坐了差不多15分钟，居然没有一个服务生过来招呼他。

最后，还是餐厅中的一个服务生看到亨利·福特独自一个人坐了那么久，才勉强走到桌边，问他是不是点菜。

亨利·福特连忙点点头说是，只见服务生不耐烦地将菜单粗鲁地丢到他的桌上。亨利·福特刚打开菜单，看了几行，就听见服务生用轻蔑的语气说道："菜单不用看得太详细，你只适合看右边的部分（意指价格），左边的部分（意指菜色），你就不必费神去看了！"

亨利·福特惊愕地抬起头来，目光正好迎接到服务生脸上满是不屑的表情，当下使得亨利·福特非常的生气。恼怒之余，不由自主地便想点最贵的大餐。但转念之间，又想起口袋中那一点点可怜的微薄的薪水，不得已，咬了咬牙，亨利·福特只点了一个汉堡。

服务生从鼻孔中"哼"了一声，傲慢地收回亨利·福特手中的菜单。口中虽然没有再说话，但脸上的表情很清楚地让亨利·福特明白："我就知道，你这穷小子，也只不过吃得起汉堡罢了！"

在服务生离去之后，亨利·福利并没有因为花钱受气而继续恼恨不休。他反倒平静下来，仔细思考，为什么自己总是只能点自己吃得起的食物，而不能点自己真正想吃的大餐。

亨利·福特当下立志，要成为社会中顶尖的人物。从此之后，他开始朝梦想前进，由一个平凡的修车工人，逐步成为叱咤风云的汽车大王。

中国古人云："锲而舍之，朽木不折；锲而不舍，金石可镂"。只经历这一次挫折便去自杀，自然难成大事。其实失败了有什么，大不了重新来过。倒是失去了生命，就再没有重新来过的机会了。

亨利·福特先生就没有那般脆弱，他在服务生的蔑视中吃完了那个汉堡，但他静下心来思考了自己。并从此立志要成为一个叱咤风云的人物,受了这样的刺激,亨利·福特没有消沉,积极的心态使他最终取得了成功。

所以说,受不了刺激的人,是永远不可能成为大人物的。正如同松下先生说的那样:"意志如此不坚强的人是干不成大事的。"

第八章
与其生气不如争气

生活、工作中会遇到很多让人看不惯的事,有些事情会让你很生气,但生气是不能解决任何问题的。一个真正有刚性的人会拿出一股改天换地的劲头,努力让自己做得更好,用现实的成果为自己争一口气。

有能力是能争气的前提条件

一个人生存状态的好坏,不仅在于他有什么样的头衔,而且还在于他有什么样的能力。就如一把利剑如果被冠之以干将、镆铘之名,而无干将、镆铘之实就无法享有宝剑的待遇。人同样如此,即使你有剑桥、牛津的学历,而无剑桥、牛津的能力,你也不可能得到重用。人是因为有了能力才会被放在一定的位置上去享受他该有的待遇。所以,最重要的是能力,而不是其他的任何附属价值。

一生三用

三国时期的诸葛亮,在治军和治国方面都取得了有口皆碑的成绩。诸葛亮之所以会成功,主要是因为他选拔了大量德才兼备的贤臣良将。诸葛亮在总结其选贤任能的标准时,归结了以下的一段话:

"问之以是非以观其志,穷之以辞辩以观其变,咨之以谋以观其识,临之以利以观其廉,告之以祸难以观其勇,期之以事以观其信,醉之以酒以观其性。"

诸葛亮以上的一段话把人才的基本能力素质概括得非常全面,这段话不仅是古人选贤任能的标准,对于当代人才的选拔,仍然有很大的参考价值。

在青岛举行的化工学院应届硕士毕业生答辩会上,答辩委员会由7人组成,这7人之中除了指导老师、资深教授之外,还有齐鲁石化公司的科研负责人范涛等人及青岛橡胶集团的总工程师。

在答辩的过程之中,来自企业方面的评委们就生产工艺之中的一些现实性的问题频频提问,然后让毕业生们画出图表、定出模型再予以解答。

青岛化工学院的赵树高教授说,以往毕业生的答辩评委全由在校的老师组成,只要是在学术上没有什么大的问题一般都可毕业。而现在,只有5～7人的答辩委员会之中,企业的技术负责人就占了2～3人,如果毕业生的论文在这一关通不过,答辩也就通不过了,学位也就拿不到了,即空谈的研究生难毕业。

教育界的有关人士认为,请企业界的总工、科研界的负责人来对学子的能力进行考核,将会使毕业生所选择的研究方向更符合实际,在企业生产之中的一些技术难题也更易解决,所以这种校方与企业联手的做法非常值得提倡。

许多人认为有高文凭高学历就可以推开任意一家企业的大门,其实错了。学历只能代表你的过去,却无法代表你的未来。只有将你的个人能力提升到应有的高度才不会在生存的竞争中落败。

有个叫做李清的人,读书非常多,手上还经常拿着一些不同类型的证书。同时,他还喜欢挂名担任一些单位的干事,都30多岁的人了,却仍然不知道自己的人生方向和目标。与李清第一次进行接触的人,肯定会对其投以尊重的眼光,因为他会给人一种很有才干的错觉。有了先入为主的"尊重"印象,如果你与李清接触,肯定会希望得到更多的了解。可殊不知李清名片上所印的头衔除了印在上面以外,一点用处都没有,真是令人大失所望。所以,人们最大的失误就是以为自己手上有了几张可以示人的证书、文凭便以为自己非常有才干。

受教育少的人,可能会在心里存在着一种退缩感,遇事没有信心,发展起事业来会处处受到限制。而受教育多的人,又盲目地相信手中所拿着的几本文凭就可以号令天下。

其实真正的教育,并不仅仅是从学校课本中得来的,也不是靠文凭就能证明的,它要从实践能力中获得。那些受过教育的人,也只不过是比别人多掌握了几种寻找学问的门路,如果不在实践中进行一番提炼的话,他们所学的知识是不能进一步深化的。

人情世故的练达,办事才能的训练,并不是仅在书本中就可以学到的。《红楼梦》里的王熙凤并不识字,又有谁能否认她那高超的管理才能和人情世故练达的学问呢?

现实生活中,我们经常会看见青年人从学校中毕业出来时满肚子都是知识，然而独独缺少了能力。

不论男女，如果不曾在实际能力上下功夫，是不能真正毕业的。在高等学校中更应如此，在自己没有熟悉普通的社会原理以前，就把自己送入人海中去，真是误人误己的一种举动。

为了你的家庭幸福，为了你的心境平安，为了保护你辛苦得来的钱财起见，不管你从事何种事业，千万不要忽略掉一种健全而完备的职业和知识训练！

能力训练，是你知识中最重要的一种，因为这种训练可以让千万个家庭免于败落；大多数人都可以过快乐、安康的生活而不至于长期处在贫穷愁苦之中了。

"能力"这一概念的内涵在近几年才逐渐得到了人们的特别关注。

所谓能力，就是人们平时所说的"本事"。而实际能力，则是你运用知识和智能进行实践活动的本领。

能力是在积累的知识上形成的，知识在能力的指导之下"活化"；如果能力缺少了知识就是低层次的，如果知识没有了能力就是"僵死"的。

近几年，"能力"的地位已在人们的心目中有了明显的提高，但有些人则对培养什么样的能力还比较模糊。

能力，并不是人与生俱来的，能力必须经过专门的培训才能得到。

人的能力，有其所特有的内容和要求，必须经过特定的途径或方法才能对其加以培养和提高。

所以，我们应该注意自己能力上的欠缺，努力弥补自己的不足，使自己具备该有的能力，逐渐步入生存境界的最佳状态。

精通你的专业

　　无论从事什么职业，都应该精通它。勤于钻研，下决心掌握自己职业领域的所有问题，就可以使自己变得比他人更具竞争力。如果你精通自己的全部业务，就能赢得良好的声誉，获得快速提升自己境界的绝佳途径。

　　现在，最需要做到的就是"精通"二字。大自然要经过千百年的进化，才能长出一朵艳丽的花朵和一颗饱满的果实。

　　当你精通了你的业务，成了你那个领域的专家时，你便具备了自己的优势。

　　成为专家要尽快。

　　这里我们强调"尽快"，并没有一定的时间限制，只是说要越早越好。这完全要看你个人的资质和客观环境。但如果拖到四五十岁才成为专家，总是慢了些。因为到了这个年龄，很多人也磨成专家了，那你还有什么优势可言？因此"尽快"两个字的意思是——走上社会后入了行，就要毫不懈怠，竭尽全力地把你那一行钻研清楚，并成为其中的佼佼者。如果你能这么做，你很快就可以超越其他人。

　　一般来讲，刚走入社会的年轻人心志还不十分稳定，有的忙于玩乐，有的忙于谈情说爱，真正把心思放在钻研工作上的不是很多，很多人只是靠工作来维持生计，一心想成为"专家"的则更少了。别人在玩乐、悠闲，这不正是你的好时机吗？苦熬几年下来，你累积了自己的实力，超乎众人，他们再也追不上来，而这也就是一个人事业成就高低的关键。

那么怎样才能"尽快"在本领域中成为"专家"呢？

首先，选定你的行业。你可以根据所学来选，如你没有机会"学以致用"也没有关系，很多有成就的人所取得的成就与其在学校学的专业并没太大关系。不过，与其根据学业来选，不如根据兴趣来定。不管根据什么来选，一旦选定了这个行业，最好不要轻易转行，因为这样会让你中断学习，减低效果。每一行都有其苦乐，因此你不必想得太多，关键是要把精力放在你的工作之上。

其次，勤于钻研。行业选定之后，接下来要像海绵一样，广泛摄取、拼命吸收这一行业中的各种知识。你可以向同事、主管、前辈请教，加班不算钱也没关系，这也是一种学习。另外可以吸收各种报章、杂志的信息。此外，专业进修班、讲座、研讨会也都要参加。也就是说，要在你所干的这一行业中全方位地深度发展。

最后，制定目标。你可以把自己的学习分成几个阶段，并限定在一定的时间内完成学习。这是一种压迫式学习法，可迫使自己向前进步，也可改变自己的习惯，训练自己的意志。然后，你可以开始展示自己学习的成果，你不必急于"功成名就"，但一段时间之后，假若你学有所成，并在自己的工作中表现出来，你必然会受到老板的注意。当你成为专家后，你的身价必会水涨船高，也用不着你去自抬身价，而这正是你"赚大钱"的基本条件。只要有"专家"的条件，人人都会看重你，何愁高工资？

不过，成了"专家"之后，你还必须注意时代发展的潮流，你还要不断更新提高自我，否则，你又会像他人一样原地踏步，你的"专家"水平又打了折扣。到那时，想争气又依靠什么呢？

在对极限的逾越中争到一口气

西方有句名言："一个人的思想决定一个人的命运。不敢向高难度的工作挑战，是对自己潜能的自我束缚，只能使自己无限的潜能浪费在无谓的琐事中。与此同时，无知的认识会使人的天赋减弱，因为懦夫一样的所作所为，不配拥有生存状态之下的高层境界。"

事实上，任何人只要勇于突破自己的心态瓶颈，突破极限约束的阻碍，成功便近在眼前。

举重项目之一的挺举，有一种"500磅（约227公斤）瓶颈"的说法，也就是说，以人体的体力极限而言，500磅是很难超越的瓶颈。499磅的纪录保持者巴雷里，比赛时所用的杠铃，由于工作人员的失误，实际上超过了500磅。这个消息发布之后，世界上有六位举重好手在一瞬间就举起了一直未能突破的500磅杠铃。

有一位撑竿跳的选手，一直苦练都无法越过某一个高度，他失望地对教练说："我实在是跳不过去。"

教练问："你心里在想什么？"

他说："我一冲到起跳线时，看到那个高度，就觉得我跳不过去。"

教练告诉他："你一定可以跳过去。把你的心从竿上摔过去，你的身子也一定会跟着过去。"

他撑起竿又跳了一次，果然跃过。

心，可以超越困难，可以突破阻挠；心，可以粉碎障碍；心，终必会达成你的期望。最大的障碍是你自己！是你面对"不可能完成"的高难度工作时，心中给自己定义为无能力完成这份工作的消极心态。

勇于向极限挑战的精神，是获得高标准生存之境的基础。职场之中，很多人如你一样，虽然颇有才学，具备种种获得上司赏识的能力，但是却有个致命弱点：缺乏挑战极限的勇气，只愿做职场中谨小慎微的"安全专家"。对不时出现的那些异常困难的工作，因觉得不能做好而不敢主动发起"进攻"，一躲再躲，恨不能避到天涯海角。结果，终其一生，也只能从事一些平庸的工作。

"职场勇士"与"职场懦夫"，在上司心目中的地位有天壤之别，根本无法并驾齐驱、相提并论。一位企业老总描述自己心目中的理想员工时说："我们所急需的人才，是有奋斗进取精神，勇于向'不可能完成'的工作挑战的人。"勇于向"不可能完成"的工作挑战的员工，犹如稀有动物一样，始终供不应求，是人才市场上的"缺手货"。

在如此失衡的市场环境中，如果你是一个"安全专家"，不敢向自己的极限挑战，那么，在与"职场勇士"的竞争中，永远不要奢望得到上司的垂青。当你万分羡慕那些有着杰出表现的同事，羡慕他们深得老板器重并被委以重任时,那么,你一定要明白,他们的成功绝不是偶然的。

如同禾苗的茁壮成长必须有种子的发芽一样,他们之所以成功,得到老板青睐,很大程度上取决于他们勇于挑战"不可能完成"的工作。在复杂的职场中,正是秉持这一原则,他们磨砺生存的利器,不断力争上游,才能不断上升。

职场之中,渴望成功,是多数员工的心声。如果你也在其列,那么当一件人人看似"不可能完成"的艰难工作摆在你面前时,不要抱着"避之唯恐不及"的态度,更不要花过多的时间去设想最糟糕的结局,不断重复"根本不能完成"的念头——这等于在预演失败。就像一个高尔夫球员,不停地嘱咐自己"不要把球击入水中"时,他脑子里将出现球掉进水中的映像。试想,在这种心理状态下,打出的球会往哪里飞呢?

要想从根本上克服这种无知的障碍,走出"不可能"这一自我否定的阴影,跻身高层生存境界之列,你必须有充分的自信。相信自己,用信心支撑自己完成这个在别人眼中不可能完成的工作。

当然,在灌注信心的同时,你必须了解这些工作为什么被喻为"不可能完成",针对工作中的种种"不可能",看看自己是否具有一定挑战力,如果没有,先把自身功夫做足做硬,"有了金刚钻,再揽瓷器活儿"。须知道,挑战"不可能完成"的工作常有两种结果,成功或失败。而你的挑战力往往使两者只有一线之差,不可不慎。

但换言之,如果你对自己的挑战力判断有误,挑战之后让"不可能完成"变成现实,千万不要沮丧失望。聪明、成熟的上司,一定不会只看结果是成功还是失败，还会观察你的敢于挑战的工作态度和头脑的运用。他比任何人都明白，没有一种挑战会有马到成功的必然性。所以，你所经历的、所得到的，都是胆怯观望者们永远都没有机会知道的——因为他们根本就不敢尝试。

极限并非不可逾越，不可逾越的只有你心中的那道坎。如果你想提升自己的生存境界，你给自己设定的那个极限就必须要靠你自己努力跨越它。

不要"骨气"也能争气

有些人脸皮太薄，自尊心太强，经不住拒绝的打击，只要略一受阻，他们就脸红，感到羞辱、气恼，拂袖而去，再不回头，甚至与对方争吵闹崩。这样的难以成事又怎么能争气呢？

表面看来这种人似乎很有几分"骨气"，其实这是心理素质过于脆弱的表现，只顾面子而不想千方百计达到目的的人，很难办成事情，对事业的发展更是不利。

因此，我们在办事时，不要抱着自尊不放，为了达到目的，必须增强抗挫折的能力，碰个钉子脸不红心不跳，不气不恼，照样笑容可掬地与人周旋，只要还有一丝希望就要全力争取，不达目的决不罢休。有这种缠住不放的意志，才能把事情办成。

另一方面，软缠硬磨消耗的是时间。而时间恰恰是一种办事武器。时间对谁都是宝贵的。人们最耗不起的是时间。所以，如果你以足够的耐心，摆出一副"打持久战"的姿态与对方对垒时，就会对对方的心理产生震慑，足以促其改变初衷，加快办事速度。所以，你要沉住气，耐心地牺牲一点时间，这样就可以争取到更多的时间。

有个拉保险的业务员，到一家餐厅拜访餐厅老板，老板一听到是保险公司的人，笑脸倏地收了起来。

"保险这玩意儿，根本没用。为什么呢？因为必须等我死了以后才能领钱，这算什么呢？"

"我不会浪费您太多的时间，您只要给我几分钟的时间让我为您说明就好了！"业务员并不后退。

"我现在很忙，如果你的时间太多，何不帮我洗洗碗盘呢？"

老板本来原是以开玩笑的口吻戏谑他，没想到年轻的保险员真的脱下西装外套，卷起袖子开始洗了。老板娘吓了一跳，大喊：

"你用不着来这一套，我们实在不需要保险！所以，不管你怎么说，怎么做，我们绝不会投保的，我看你还是别浪费时间！"

这个业务员每天都来洗碗盘，老板依旧是铁石心肠地告诉他：

"你再来几次也没用，你也用不着再洗了，如果你够聪明，趁早找别家吧！"

但是这位有耐心的业务员依然天天来洗，十天、二十天、三十天过去了。到了第四十天，这个讨厌保险的老板，终于被这个青年的耐心打动了，最后答应他投高额保险，不仅如此，而且还替这位有耐心的年轻业务员介绍了不少桩生意。

俗话说："人心都是肉长的。"不管双方认识距离有多大，只要你耐心周旋，缠住别放，用行动让对方感到你十分有诚意，就会促使对方去思索，进而理解你的苦心，从固执的框子里跳出来，那时你就将"缠"出希望了。

不断训练自己的竞争能力

现代社会竞争激烈，要想在竞争中立于不败之地，让生存不会时时受到威胁。就要注意训练自己：

（1）在工作中磨炼自己。"不进步，就退步"。一个人各方面能力的磨炼，都可以作如是观。商人在工作上所受到的磨炼往往是多方面的，所以他们常识的丰富，远非一般从事专门工作者可比。如今一般毕业生，多半投入商业，虽然用非所学，他们却在工作中得到磨炼。

（2）适时抓住机会。经营商业，在100年以前，被认为是不高尚的事，但时至今日，跟着世界文明的进步，各国的商业都已呈突飞猛进之势，其地位之重要，已占全部行业的第一把交椅。

要从事商业，一个知识广博、经验丰富的人，远比那些庸庸碌碌的人容易获得机会。当然，在经营事业之前，能够准备得越充分越好，经验积蓄得越多越好。一个初入社会的人，当他的地位逐渐升迁时，他一定有不少机会，可以从各方面学得一件事情的精髓。如果他能抓住这些宝贵的机会，他迟早必会获得成功。有位前辈说："我的职员，没有一个不是从最基层依次升迁的。俗语说，'有益于职务，就是有益于自己'。任何人，如能在开始服务时就记住这句话，他的前途一定希望无穷。凡经我们考试及格而任用的人，只要自己肯上进，都不难逐步获得良好位置。"

（3）不能浅尝辄止。一个熟悉世情、经验丰富的人，在各行业里，无处不可立足。那些企业家随时都在向各处访求勤勉刻苦、敏捷伶俐、意志坚强的青年。因为这种人，一旦到手，必千方百计地求得完美，求得发展，求得成功。

一个初出茅庐的人，进入社会，必须随时体察，处处注意，必须研究得十分透彻才好。千万不可粗忽疏失、学得一知半解就罢手。须知虽小至微尘，也应仔细观察，虽千辛万苦，也应努力经营，这样一来，一切途中的障碍，都可以一扫而尽。

（4）要有不畏艰险的勇气。我们随处可以看见许多人，做起事来，都喜欢避繁就简，对于其中麻烦、困难、乏味的部分，随意趋避，不愿接触。好像那些打算占领敌人阵地的士兵，却不愿麻烦手脚去破坏敌人的炮台，结果，必然被敌人轰得东躲西窜、无处安身。所以一个希望成功获胜的人，必须不分巨细，悉数决心征服，不畏艰险，勇往直前去做才行。

这里有一句很好的格言，可以写在无数可怜的失败者的墓碑上："只因没有好好地准备，所以糊里糊涂的失败。"有些人，虽然很努力，但因他们事先没有准备妥当，因此，不得不大兜圈子，以致一生都走不到目的地，达不到成功的境界。

（5）做事要用心。有不少人，对于眼前的事物，往往不知不觉。即使有人在一家商店里已经服务多年，对于经商营业仍是一个门外汉，原因是他们做事总是睁一只眼、闭一只眼，从不留心任何他所接触的事物。但那些精明干练的青年只做上两三个月，对于店中大小事物就了如指掌了。

（6）不断充实自己。有些人，对于自己的工作能力随时都在磨炼，任何事他都要做得高人一筹；他总是睁大眼睛望着一切接触到的事物，务必观察思考得完全明白才罢休。他无时无刻不抓住机会学习、磨炼、研究。他对有关自己前途的学习机会，看得非常重要，远在财富之上。

他随时都学习工作的方法和待人的技巧。一件极小的事情，在他眼里，总觉得有学好的必要；对于任何方法，他都要详细研究考虑，探求成功的奥秘。当他把这许多事情都一一学会之后，他所获得的，比起有限的薪金，真不知要可贵多少。他的工作兴趣，完全系于学习与磨炼上。

那些才智卓越的人，一定会利用晚上的闲暇时间，把白天所见闻所思考的工作方法与应对技巧从头研究一番。这样一来，他所获得的益处，真比白天工作所得的薪金多多了。他很明白，这些学识是他将来成功的基础，是人生的无价之宝！

借鉴他人的错误

失败可能伴随我们一生。但研究和借鉴他人的错误会降低我们犯错的概率。我们不仅要学会从自己走过的失败之路中总结经验和教训，还要学会从别人的身上看到失败的原因，引以为鉴。许多人能够不费吹灰之力避开陷阱，比他人更早到达理想中的生存境界，原因就在于他们不仅关注自己的错误，同时还关注着别人的错误，不放弃任何可以吸取教训的机会。

早在4000年前的远古蛮荒时代，洪水泛滥，民不聊生。尧帝命大臣鲧治水，鲧以掩堵拦截之法治之，结果失败被斩。鲧死后，其子禹继承父志。他总结父辈的经验教训，一反旧法，顺其水性，以疏通河道引水入海之法，取得成功，神州得以昌盛。

在你与人对决时，了解对手可以让你事半功倍。

希腊军队俘获了一批波斯士兵，国王准备按特殊的方式处死他们：让他们每个人说一句话，如果是真话就绞死；如果是假话就砍头。结果大批士兵或说了真话被绞死，或说了假话而被砍头。轮到一个聪明的士兵时，他低头思考了一会，然后露出了笑容，他说了这样一句话："要砍我的头。"希腊国王不知所措，如果砍了他的头，他说的话就变成真的了，按规则又不应砍头；如果绞死他，他说的又不是真话。最终，国王把这个囚犯和未被处死的囚犯一起释放了。

研究别人的错误可以少犯错误，你一定要不断地研究你的竞争对手。要成功，必须要做成功者所做的事情，同时你也必须了解失败者是如何做的，使自己不去犯那些错误。

有一个10岁的小男孩，在一次车祸中失去了左臂，他非常喜欢柔道，并且还想在这方面有所成就。最终，小男孩拜一位日本柔道大师做了师傅，开始学习柔道。虽然他只有右臂，但他学得非常刻苦。可是练了三个月，师傅只教了他一招，小男孩有点弄不懂了。

他终于忍不住问师傅："我是不是应该再学其他招法？我为什么总学这一招呀？"师傅回答说："不错，你的确只会一招，但你只需要会一招就够了。"

小男孩并不是很明白，但他很相信师傅，于是继续练了下去。

几个月后，师傅第一次带小男孩参加比赛。小男孩自己都没有想到居然轻轻松松地赢了前两轮。第三轮稍稍有点艰难，对手连连进攻，小男孩敏捷地施展自己的那一招，又赢了。就这样，小男孩自己都不知道怎么进入了决赛。

决赛的对手比小男孩高大、强壮许多，也似乎更有经验。有一度小男孩显得有点招架不住，裁判担心小男孩会受伤，就叫了暂停，还打算让小男孩退出比赛。师傅不答应，坚持说："继续下去！"比赛重新开始后，对手放松了戒备，小男孩立刻使出他的那招，制服了对手，由此赢了比赛，获得了冠军。

在回家的路上，小男孩质疑地问师傅："我怎么凭一招就赢得了冠军？"

师傅答道："有两个原因：第一，你几乎完全掌握了柔道中最难的一招；第二，就我所知，对付这一招唯一的办法是对手抓住你的左臂。"

知己知彼百战不殆，失败的过程就是知彼的过程，也就是总结他人经验教训的过程。

古人云："他山之石，可以攻玉。"无数事实证明，善于学习借鉴别人的成功经验或者失败的教训并非投机取巧，而是明智之举，是走向成功的捷径。

很多人都喜欢阅读别人的成功故事。其实，从别人的成功经验中学习和从其失败教训中学习的最大差别是：前者很容易限于模仿层面，是知道如何做；而后者则能够知道为什么。芬克尔斯坦也认为："学习成功经验的最好方法是从研究失败的教训中获得。"在激烈的社会竞争中，我们往往更多地追求卓越、关注成功，然而"智者千虑，必有一失"。任何人，不论是声名显赫的伟人还是没有名气的凡人，要想一生做到一帆风顺是不可能的，成功人士的经验都是相似的，但失败的教训却各有不同。

在日本，有一个著名的国际软件株式会社，公司主要的任务就是开发新的软件，以适应市场的需求。不过在1998年之前，这个公司还是一个名不见经传的小公司，如今何以能坚强地屹立在繁华的东京，它的崛起就源自于总结和研究。

以前，他们在开发新产品上总是"慢人半拍"，几乎没有在市场上推出过位于新技术前列的产品，他们总是让其他公司"领跑"，自己尾随其后。公司的领导甚是不解，于是有人提议从别的企业成功与失败的经验中寻找企业开发新产品的最佳"谋合点"。说做就做，他们借鉴了许多世界著名软件公司成功与失败的经验，从中找到了适合自己公司发展的经验。如今，他们生产的软件应用于世界各地，不仅取得了巨大成功，而且也奠定了日本软件业巨头的称号。

所以，别人的经验和教训都是宝贵财富，要认认真真地学。只有这样，才能使我们"站在巨人的肩膀上"，在更高的起点上登攀，在更新的领域中取得成功。例如在学习中，我们可以学习那些优秀生处理问题的方法，认真地学习他们可以提高我们的能力，让我们进步得更快。成功的经验我们要学，失败的教训也同样要借鉴。失败是不可避免的人生经历，从失败中分析原因、吸取教训是人生一笔财富。同理，只有善于分析各种各样的失败案例，去寻找其中深层次的原因，才能避免自己遭遇同样的失败。

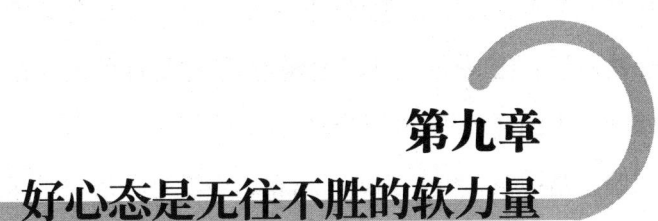

第九章
好心态是无往不胜的软力量

力量、胆气、刚性，这些极具男性化特点的词汇往往令人产生错觉：竞争取胜要靠霸气和蛮劲。其实，当今社会的较量早已超越了冷兵器时代短兵相接时的概念，就像软绳能捆硬柴一样，软力量的威力更为巨大。一个人拥有良好的做人做事的心态，就等于拥有了这样一种无往而不胜的软力量。

别让自卑心毁了你

自卑的心态就像一条啃啮心灵的毒蛇，不仅吸取心灵的新鲜血液，让人失去生存的勇气，还在其中注入厌世和绝望的毒液，最后让健康的肌体死于非命。

在人生攀登的崎岖小路上，自卑这条毒蛇随时都会悄然出现，特别是当人劳累、困乏、迷路、困惑的时候,更要加倍的警惕。德国哲学家黑格尔说:"自卑往往伴随着懈怠。"它是你前进道路上的绊脚石,可以使一个人的活动积极性与能力大大降低。虽然偶尔短时间地滑入自卑状态是正常现象,但长期处于自卑之中就是一场灾难了。自卑的根源是过分否定和低估自己,过分重视别人的意见,并将别人看得过于高大而把自己看得过于卑微。

只有控制住自卑心态,人们才会敢于积极进取,成为一个有主动创造精神的人;才能开拓事业的新局面;也才会有积极的人生态度,才会活得开朗、开心;才会勇于承担责任,成为一个有责任心的人,而任何一个在事业上有所作为的人,都是有责任心的人。只有扔掉自卑,才会在平时积极思考,才会产生奇迹;才会积极跨越各种障碍,成为一个不怕困难的人;才会积极主动地去结交新朋友,改善和旧朋友的关系,才会取得成功。

自卑心理所造成的最大问题是不论你有多成功,或是不论你有多能干,你总是想证明自己是不是真的如此多才多艺。换句话说,许多人都倾向于为自己设定一个形象,而不肯承认真正的自我是什么。因为他们的想法总是倾向于自我认定的多。举个例子来说,如果你一直担心自己瘦不下来,每次在量腰围时你就会嘀咕一下,而完全忘了你的身体处在最佳的健康状态。

你总是把自己认为的劣势时时刻刻放在脑子里,提醒着自己的不足,并把这些不足和他人的优势相比较。因而,越比越觉得己不如人,越比越觉得无地自容,从而忽略了自己的优势、打击了自信心。事实上,"金无足赤,人无完人。"在你的眼里比较优秀的人并不一定占优势。相反，在他的眼里可能你比他更优秀。

所以，有时你需要一点阿Q精神。况且你也该知道自卑往往会让你更消极、更萎靡，长期下去会形成自我压抑。

如果让自卑控制了你，那么你在自我形象的评价上会毫不怜悯地贬损自己，不敢伸张自己的欲望，不敢在别人面前申诉自己的观点，不敢向别人表白自己的爱情，行为上不敢挥洒自己，总是显得拘谨畏缩。另一方面，对外界、对他人；尤其是对陌生环境与生人，心存一种畏惧。出于一种本能的自我保护，便会与自己畏惧的东西隔离和疏远，这样便将自己囚禁在一个孤独的城堡之中了。如果说别的消极情绪可以使一个人在前进路上暂时偏离目标或减缓成功速度，那么一个长期处于自卑状态的人根本就不可能有成功的希望，甚至已有的成绩也不能唤起他们的喜悦、兴奋和信心，只是一味地沉浸在自己失败的体验里不能自拔，对什么也不感兴趣，对什么也没有信心，自己不愿走向人群，也拒绝别人接近，整个与丰富多彩的生活隔绝，与人群疏远，自囚于孤独的城堡。

有自卑情结的人可能会很胆小，由于要避免可能使他感到难堪的一切，他就什么也做不成；由于害怕别人认为自己无知，他就忍不住去征求别人的意见和建议；由于担心受到拒绝，他就不敢去找个好工作。由于这样压抑的结果，他在各方面都毫无进展，并且变得更加敏感。他日益敏感，再加上日益怯懦，他的精神状态就日益低落。一个有自卑情结的人不能长时间把精力集中在任何事物上，只能集中在他本人身上，因而常常不能实现自己的愿望。

严重的自卑和自我抑压会导致自杀。这种惨痛的结局在年轻人中极其常见。

1983年长沙某学院的一名男生卧轨自杀。他来自边远山区一个贫寒之家，父母含辛茹苦将他拉扯大，他却走向了自我毁灭之路，留给亲人无限的悲痛，后来根据对其他同学的调查和他的日记发现，他的自杀只是源于自卑。因为他的身高不足一米六，虽然他身体健康，各种功能健全，但只是出于审美习惯的缘故，他觉得自己在别人的眼里是个二等残废，是社会的弃儿，活着已经没有什么意思了。

依正常人看来，其实这根本就算不了什么，如果这也可以成为自杀的理由，那么这个世界上该有多少人走向毁灭，这种对生命极不负责的行为源于自卑。

长期被自卑情绪笼罩的人，还会使自己的心理活动失去平衡，引起人的生理变化，对心血管系统和消化系统产生不良影响。生理上的变化反过来又会影响心理变化，加重人的自卑心理。

长期这样恶性循环下去，必将毁了你。因此，认识自己，摆脱自卑更有利于你的成长。

当然，摆脱自卑不等于完全去掉自卑，因为适当的自卑会让人看到自身的不足。因而奋起直追，直至获得成功。

突破你的心态瓶颈

固执的心态可以直接影响到你的思维方式，它会让你变得"一根筋",做事时无法运用巧妙的方法。因此,我们一定要突破这个心态瓶颈,才能从容走向成功。

生物学家曾做过一个有趣的实验,他们把鲮鱼和鲦鱼放进同一个玻璃器皿中,然后用玻璃板把它们隔开。开始时,鲮鱼兴奋地朝鲦鱼进攻,渴望能吃到自己最喜欢的美味,可每一次它都"咣"地撞在了玻璃板上,不仅没捕到鲦鱼,而且把自己撞得晕头转向。

碰了十几次壁后,鲮鱼沮丧了。当生物学家轻轻将玻璃板抽去之后,鲮鱼对近在眼前、唾手可得的鲦鱼却视若无睹了。即便那肥美的鲦鱼一次次地擦着它的唇鳃不慌不忙地游过,即便鲦鱼尾巴一次次拂扫了它饥饿而敏捷的身体,碰了壁之后的鲮鱼却再也没有进攻的欲望和信心了。

鲮鱼的饥饿而死源于什么?这是每一个人需要思考的问题。一种固有的思维一旦进入你的五脏六腑,并深入骨髓,它就会像一个瓶颈一样制约着你的行动。瓶子肚子很大,瓶颈却很窄。但你过了瓶颈这一关,天地就完全不一样了。这就是瓶颈效应的启示。人的心态同样会有"瓶颈效应",如果放弃你心中固执的一面,你就可以看到比"瓶颈"更宽的地方。

我们现在用的圆珠笔在当初被发明时,发明者用了一根很长的管子来装油,但他发现管子里的油还没有用完,笔头就先坏了。他做了很多次的实验,不是换笔头的材料就是换笔头的珠子。结果还是会出现笔头已经坏了油还剩下很多的情况。这个"瓶颈"他一直没有突破,一天朋友去找他,他把问题告诉了朋友。朋友一语道破天机,"既然你没办法解决笔头的问题,不妨试试把笔管剪短一点,这样问题就解决了。"他高兴地说道:"我为什么一直都没想到呢?"是啊,你固执地认为只有一个方向可以走通，一直坚持下去，结果只会让自己徒劳。突破心理的瓶颈。视野才会开阔。

朋友们都认为，吉米总是缺乏自己做老板的勇气。对他而言，公司的工作更安全，更可以为他的妻子和家庭提供必要的保障。但是后来经济萧条期到了。他的工作确实不像以前那样是个永恒的港湾，他不由得惊醒了。

一时间，一种无休止的恐惧闯进他的生活。如果公司开始裁员怎么办？如果他苦心经营了多年的地区市场萎缩了怎么办？随着萧条的加剧，恐惧感不断地膨胀着。无数个夜晚，他无法入睡，彻夜担忧家庭的财政前景。终于，这种坐以待毙的恐惧膨胀得令他再也无法忍受。

其实出路只有一条：采取行动，慢慢建立起自己的企业。下班之后，他开始倒腾二手医疗设备。应该说，作为一名国际知名医疗设备制造公司的推销员，他所接受过的培训足以使他很快发展起来。

由于不像大贸易公司那样要支出很多管理费用，吉米从一开始就组织了一个有赢利能力的小机构。六个月时间，他创建了区域性公司，辞掉了自己原有的工作。他终于成为自己的财务大臣了。

现在，吉米再也不会有那种依赖每月拿到工资的感觉，他再也不用为他的工作担心，因为他再也没工作了。他现在有自己的公司了！

吉米成功地拥有了自己想要的东西。他再也不用去担心工作的危机给自己造成的心理负担。这是他突破"心态瓶颈"的成果。现在，许多失业者都无法突破这个瓶颈，而许多面临失业的人更是在想方设法地保全自己的工作。他们固执地认为，这份工作可以给他们带来安全感。于是死死地抓在手里唯恐丢了就再也找不回来了。他们宁可在一棵树上吊死，也不愿另求他路。这是人性的悲哀。

心的力量可以超越一切困难，可以粉碎障碍，达成期望。但需要你不再固执地坚守错误的方向，突破瓶颈。

"执着"未必能得到成功

做事需要有执着的精神，但同样需要有灵活的变通能力。如果一个人的努力方向错了，那么越执着就会错的越离谱，这时就该适时放弃，寻找一条更适合你的成功之路。

"锲而不舍，金石可镂"。这是古人留下的一句著名的治学格言，也是为世人推崇的成才之道。

其实，苦学不辍，持之以恒，只是一个人成才的条件之一，而其他条件，譬如机遇、天赋、爱好、悟性、体质诸项也是缺一不可的。如果你研究某一学问、学习某一技术或从事某一事业确实条件太差，而经过相当的努力仍不见效，那就不妨学会"放弃"，以求另辟蹊径。

比如学弹钢琴，据统计，北京、上海各有10万琴童，全国有多少，不得而知，估计不会少于100万吧！要是光弹着玩玩倒也罢了，可是不，许多家庭都是认认真真把孩子当个钢琴家来培养的。很多夫妇自认为"这一辈子就这样了"，孩子无论如何也要让他成就一番事业。于是省吃俭用，给孩子置办了一架进口钢琴，立志要培养出一个中国的"肖邦"、

"李斯特"。再如高考,一年一度高考风起云涌,一番拼搏,分出高下,几家欢喜几家愁。受教育资源限制,不论你如何"锲而不舍",使尽浑身解数,录取率就决定了必然要有近一半的考生要自愿或不自愿地"放弃"上大学的愿望。如果差距不大,偶尔失手,自然不妨厉兵秣马,来年再战;倘若成绩实在差距太大,再考几次也难有多大提高,那就应当机立断,学会"放弃"。有道是"成才自有千条道,何必都挤独木桥"。大发明家爱迪生不过才小学毕业,照样不耽误人家成名成家,你又何必一条道走到黑呢,或许,你只退这么一步,便会海阔天空。

人生苦短,韶华难留。选准目标,就要锲而不舍,以求"金石可镂"。但若目标不适,或主客观条件不允许,与其蹉跎岁月,师老无功,就不如学会放弃,"见异思迁"。如此,才有可能柳暗花明,再展宏图。班超投笔从戎,鲁迅弃医学文,都是"改换门庭"后而大放异彩的楷模。可见,如果能审时度势,扬长避短,把握时机,放弃,既是一种理性的表现,也不失为一种豁达之举。

动物园里新来了一只袋鼠,管理员将它关在一片有着一米高的围栏的草地上。

可是第二天一早,管理员发现袋鼠在围栏外的树丛里蹦蹦跳跳,立刻将围栏的高度加到两米,又把袋鼠关了进去。

到了第三天早上,管理员还是看到袋鼠在栏外,于是又将围栏的高度加到三米,把袋鼠关了进去。

隔壁兽栏里的长颈鹿问袋鼠:"依你看,这围栏到底要加到多高,才能把你关住?"

袋鼠想了一想回答道:"很难说,也许五米高,也许十米,也可能是一百米。但是，如果那个管理员老是忘了把围栏的门锁上的话。那他永远关不住我。"

每一个人现在所处的境况，正是以往自己所抱的态度造成的。所以，如想改变未来的生活，使之更加顺利，必得先改变此时的态度。坚持错误的观念，固执不愿改变，恐怕再多的努力，也可能成为徒劳。所以，改变比选择更重要。

过往的岁月中，你也一定不知倦怠地追求过财富、爱情、地位、名誉、金钱……如果这些东西你一直都没有追求到，为何不变一个方向？只为拥有另一片属于你的天空。7. 别为了小事斤斤计较

如果想要活得开心、活得有意义，那么就不要跟人斤斤计较，这种小心眼的心态会让你的生活变成一片灰色。何不豁达一点呢，这会让你更轻松。

李大妈早年丧夫，且无子嗣，生活困窘，因此脾气也不怎么好。

李大妈和老吴是老王的邻居。因为李大妈的品性，她和老王、老吴的关系处得很差劲。老王和老吴也因为有李大妈这样的邻居而心里别扭。

但老吴和老王二人的性格截然不同。老吴豁达开朗，凡事想得开；而老王则有点心胸褊狭，爱走极端。因此二人虽生活在同一个环境中，表现大不一样：老吴整天乐呵呵的，老王却一天到晚吊着脸，一副怏怏不乐地样子，好像谁借了他二斗陈大麦还了他二斗老鼠屎一样。

一天，李大妈的一只黄母鸡不见了，她便在自家院里跳着骂："哪个老不死的，偷了我的黄母鸡？谁偷了我的黄母鸡断子绝孙，死时闭不上眼睛！"

骂声很大，邻居老吴和老王都听见了。

老吴想："她没点名骂谁，咱也没干那亏心事。不做亏心事，睡觉不关门，她爱骂骂去，与咱毫不相干。"仿佛没听见骂声似的。

而老王则不一样。她想："这怕是冲我来的，这婆娘真没口德，开口闭口老不死的。哎，真气死我了！"出去就和李大妈吵了一架，但自己不几天便病倒了。

几天以后，李大妈在她家的柴火堆中发现了死母鸡。原来黄母鸡觅食钻到了柴火堆下面，它还没出来，李大妈便在外面放了一担柴火，把那个出孔堵住了，以致它饿死在里面了。

李大妈有些内疚，便找老吴和老王道歉。

老吴听后说："我没什么，一点都没生气，你找老王道歉去吧！"

李大妈极诚恳地向老王做了解释和道歉。老王听后，心中的怨气慢慢地消了，过了几天，就能起来行走，身体慢慢地恢复了。

"哎，都是自己小心眼造成的，咱要像人家老吴，还生哪门子气呢？"老王心想。

生活中类似于这样的小事很多。斤斤计较不但影响了心情也影响了健康。人生短暂，浪费时间和精力在这些小事上实在不是聪明人所为。如果你觉得烦恼，那是你还有时间烦恼，为小事烦恼，是因为没有大事让你烦恼。生活中，在学的同时还得悟。悟是不为小事烦恼的意义，不斤斤计较的意义。

1944年3月，一名美国青年汉斯在中南半岛附近海下82米深的潜水艇里，学到了一生中最重要的一课。

当时汉斯所在的潜水艇从雷达上发现一支日军舰队朝他们开来，他们发射了几枚鱼雷,但没有击中任何一艘军舰。这个时候,日军发现了他们,一艘布雷舰直朝他们开来。3分钟后,天崩地裂,6枚深水炸弹在四周炸开,把他们直压到海底82米深的地方。深水炸弹不停地投下,整整持续了15个小时。其中,有十几枚炸弹就在离他们18米左右的地方爆炸。倘若再近一点的话,潜艇就会炸出一个洞来。

汉斯和所有的士兵一样奉命静躺在自己的床上,保持镇定。当时的汉斯吓得不知如何呼吸,他不停地对自己说:这下死定了……潜水艇内部的温度达到40多摄氏度,可是他却怕得全身发冷,一阵阵冒虚汗。15个小时后,攻击停止了,那艘布雷舰用光了所有的炸弹后开走了。

汉斯感觉这15个小时好像有150万年那样长。他过去的生活一一浮现在眼前,那些曾经让他烦恼过的无聊的小事更是记得特别清晰——没钱买房子,没钱买汽车,没钱给妻子买好衣服,还有为了点芝麻大的小事和妻子吵架,还为额头上的一个小疤影响容貌发愁……

可是,这些令人发愁的事,在深水炸弹威胁生命的那一刻显得那么荒谬、渺小。汉斯对自己发誓,如果他还有机会看到明天的话,他永远都不会再为这些小事忧愁了!

英国著名作家迪斯累利曾精辟地指出:"为小事斤斤计较的人,生命是短促的。"的确,如果要是让微不足道的小事时常吞噬我们的心灵,这种不愉快的感觉会让人可怜地度过一生。

改变"不可能"的心态

在做一件事前,很多人常会对自己说"算了吧!这是不可能的。"其实所谓的"不可能",只是他们不敢去面对挑战的借口,只要你大胆去尝试,你就可以把很多"不可能"变成轻而易举的事。

一群羊和一群狼同住在一片草原上。羊经常被吃掉,可并没有一只羊起来反抗。它们都认为,狼吃羊是天经地义的事。

直到有一天,一只叫洛斯的羊问其他的羊:为什么羊要被狼吃掉?羊可不可以不被狼吃?第一只羊说:自古以来就是这样。第二只羊说:因为狼比我们聪明。第三只羊说:狼比我们跑得快,也比我们合群。第四只羊说:狼比我们学得快,也学得好,我们永远不可能超过它。

洛斯很不服气,反复思考之后,它终于明白:只要学得比狼快,比狼好,就不会被吃掉,而且这是经过努力可以做得到的。于是,它召开羊群大会,告诉所有的羊它的研究结果,并号召大家一起练习快跑。

后来,洛斯又发现狼不会游泳。于是,它又组织羊群在居住地周围挖出一条护城河,从此这群羊过上了幸福快乐的日子。

大部分人有这样的想法,认为很多事都是自然规律,是难以改变的。所以,一遇到类似这样的事情便不敢尝试,认为无法逾越了,这也是他们常常失败的原因。

其实,有些事并不是不能改变的。

就像大象从小被一根铁链锁住了四蹄,成大以后,就不再试图拉断铁链。事实上,它完全可以将铁链拉断获得自由一样。

所以，有时候困难就像是一道虚掩着的门，它摆出一副凶神恶煞的样子，恐吓你、威胁你、拒绝你，让你望而却步。实际上你没有必要害怕，那扇门是虚掩着的。

1939年9月1日拂晓，德国军队经过精心准备，突袭波兰。波兰军队仓皇应战，虽有一定的抵抗能力，但因准备不足，波兰军队全线崩溃，9月3日，英法两国对德宣战，第二次世界大战从此爆发。

法国并非波兰，法国兵力强大，拥有二三百万大军和先进的武器装备，国内的经济实力也不比德国差。特别是法国还拥有一条坚不可摧的马其诺防线。而且为了防备德国进攻，法国早在10年前就精心构筑了防线，从瑞士到比利时之间的东部国境的防御体系，一直修筑了6年。法国是当时欧洲最大的陆军强国。

1940年，德军绕过这条固若金汤的防线攻入法国。德国装甲师选择了一条道路，正是法国将军们认为坦克不可能穿过的地带，防线失去了作用。结果，短短的一个月内，法军就溃不成军。

这种"不可能"成为"可能"的战例还有很多：

在第二次世界大战中，盟军选择的登陆及向德军反攻的地点是诺曼底。那里的海浪及岩石海岸使德国认为，任何规模的登陆都不可能选择在这样恶劣的地点进行。

在史称"布匿战争"之中，迦太基的统帅汉尼拔率军越过山高坡陡、道路崎岖、气候恶劣、积雪终年的阿尔卑斯山，这条道路是一条被认为不可能穿过的死亡之路。罗马人做梦也想不到汉尼拔如此神速地出现在面前，猝不及防。

大多数人认为不可能做到的事肯定是十分困难，甚至是难以想象的事。因为太难，所以畏难；因为畏难，所以根本不敢尝试；不但自己不敢去尝试，认为别人也做不到。其实，世上没有什么不可能办到的事，办成只是个时间问题。客观上没有"不可能"，并不等于主观上没有"不可能"，如果主观上认为"不可能"，那就真的不可能了；主观上认为"可能"，那么，任何暂时的"不可能"终究会变成"可能"。人类的创造力使许多不可能变成可能。

许多事情看似不可能，其实是受思维定式的影响，打破了思维定式，许多不可能就会变为可能。

例如，水的声音可以卖钱听起来是异想天开，但是美国的贝尔，四处周游，灵机一动，用立体收录机录下了许多小溪、小河、小瀑布的"潺潺水声"，复制后高价销售。买"水声"者居然络绎不绝。德国一家酒店抓了不少青蛙，这种青蛙发出的有韵律的叫声，被誉为大自然的美妙乐章。店主灵机一动，便推出一台"青蛙音乐晚会"，每位客人交150美元可以享受五个晚上的青蛙"乐章"，结果获利甚丰。水声、蛙声，对一般人来说不可能想到让其成为获利的工具，但有人确实靠这发了财。

一个成功者的一生，必定是一个与风险拼搏的一生，除非不干事业，干事业则必有风险。松下幸之助发迹之前是一个一贫如洗的学徒。他不屈服于命运，将小小的客厅改为作坊，把积攒的全部家当97美元全部用来制造电器插座。几次试验的失败，竟把老本全部用光。松下又把结婚时购置的衣物送入当铺，终于渡过难关，发明出第一项新产品——双插座接电器，从此走上了成功之路的第一步。如果松下当初胆怯了，不敢冒倾家荡产之险，就不可能有20年以后的松下公司。

所以大多数人认为不可能实现的事情，你努力去做，反而成功的可能性越大。因为你的工作风险越大，你的成功概率也大，因为无人与你竞争。在发明创造和市场营销中经常发挥作用的，正是在上述各实例中起作用的因素——未预料性。所以，大多数人认为不可能的事，你不妨试试。如果你害怕失败，成功的可能性就很小。

摆出一个胜利的姿态

无论你内心感觉如何，你都要摆出一副赢家的姿态。就算你落后了，保持自信的神色，仿佛成竹在胸，会让你心理上占尽优势，而终有所成。

两个国家因边境问题发生冲突。强国首相接见了来访的小国大使。小国大使的话充满了威胁："让步吧！我们兵强马壮，惹我们的人没好下场。"强国首相哈哈大笑："我们要比你们强大 100 倍。"

小国大使仍不示弱，继续恐吓对方："我国有 25000 人的精良部队，能够占领贵国。"

强国首相大笑："我们拥有的军队，人数多过你们 100 倍。"

谈判至此，小国大使显露慌张神色，表示必须先向国内请示之后，方能再继续谈下去。

当双方再度展开谈判时，小国大使的态度有了 180 度的转变，趋向妥协，转为向大国求和。

一生三用

强国首相诧异对方的改变,以为小国受到己方国力强盛的震撼,故而细问小国大使求和的原因。

小国大使神色自若地回答:"不是我们惧怕你们的兵力;而是我们的国土太小,实在容纳不下 250 万名的战俘。"

这个故事看起来有点可笑,但从小国大使的身上你却能够看到一种姿态,一种必胜的姿态。

有自信的人,从未想过失败。即使是像这个小国实力如此薄弱,却依然考虑的是战胜后,狭窄的国土是否容纳得下为数众多的战俘。谁说弱者必败?

对自己有绝对信心的人,可以克服任何的困难与挫折。他们的眼光,只定位在成功的一方;信心正确地引导着他们,一路披荆斩棘奋勇直前。

每一位成功者都很清楚地相信天生我才必有用,他们十分了解上天所赋予他的使命,并坚定地相信,自己必然顺应天命,迈向成功的顶峰。

有这样一个小故事:在一个王国里,有位大臣特别聪明,而这位大臣也因他的聪明,格外受到国王的宠爱与信任。

这位聪明的大臣不论遇上什么事,他总是愿意去看事物好的那一面,因此,别人给了他一个雅号:"必胜大臣"。

国王热爱打猎,有一次在追捕猎物的过程中,弄断了一节食指。国王剧痛之余,立即召来必胜大臣,征询他对这件断指意外的看法。

必胜大臣仍本着他的作风,轻松自在地告诉国王,这应是一件好事。

国王闻言大怒,认为必胜大臣在嘲讽自己,立时命左右将他拿下,关到监狱里待斩。

必胜大臣听后,笑着说:"您不敢杀我,总有一天您还得把我放出来。"国王听了怒吼道:"来人,给我拉出去斩了。"但想一想又道:"先押入死牢。"就这样必胜大臣被关到死牢。

断指伤口痊愈之后,国王也忘了此事,又兴冲冲地忙着四处打猎。却不料带队误闯邻国国境,被丛林中埋伏的一群野人活捉。

依照野人的惯例,必须将活捉的这队人马的首领献祭给他们的神,于是便抓了国王放到祭坛上。正当祭奠仪式开始,主持祭奠的巫师突然惊呼起来。

原来巫师发现国王断了一截的食指,而按他们部族的律例,献祭不完整的祭品给天神,是会受天谴的。野人连忙将国王解下祭坛,驱逐他离开,另外抓了一位同行的大臣献祭。

国王狼狈地回到朝中,庆幸大难不死,忽而想到必胜大臣要在的话,他就不会受此惊吓,便立刻将他由牢中释出,并当面向他道歉。

或许在许多时候你的实力很差,地位很卑微,或者票子很少,但无论如何信心不能少。只要你坚持行动、摆出必胜的姿态,那么不但能够给自己平添许多勇气,还能够震慑你的对手。这就是心态的力量。

培养积极心态的方法

也许有些人的积极心态是天生的,他们注定会成功,而有些人却不得不面对学习去掌握这种积极心态,使自己逐步走向成功之路。许多人认识到了自身的缺陷,却苦于无头绪,下面的一些方法可以教你培养自己的积极心态。

(1)言行举止像你希望成为的人

许多人总是等到自己有了一种积极的感受再去付诸行动,这些人在本末倒置。积极行动会导致积极思维,而积极思维会导致积极的人生心态。心态是紧跟行动的,如果一个人从一种消极的心态开始,等待着感觉把自己带向行动,那他就永远成不了他想做的积极心态者。

(2)要心怀必胜、积极的想法

卡耐基说"一个对自己的内心有完全支配能力的人,对他自己有权获得的任何其他东西也会有支配能力。"当你开始运用积极的心态并把自己看成成功者时,那么你也就开始走向成功了。

谁想收获成功的人生,谁就要当一个好"农民"。绝对不能仅仅播下几粒积极乐观的种子,就指望不劳而获,你必须不断给这些种子浇水,给幼苗培土施肥。要是疏忽这些,消极心态的野草就会丛生,夺去土壤的养分,直至使"庄稼"枯死。

(3)用美好的感觉、信心与目标去影响别人

随着你的行动与心态日渐积极,你就会慢慢获得一种美满人生的感觉,信心日增,人生中的目标感也越来越强烈。紧接着,别人会被你吸引,因为人们总是喜欢跟积极乐观者在一起。运用别人的这种积极响应来发展积极的关系,同时帮助别人获取这种积极态度。

(4)使你遇到的每一个人都感到自己重要、被需要

每个人都有一种欲望,即感觉到自己的重要性,增强别人对他的需要与感激。这是普通人的自我意识的核心。如果你能满足别人心中的这

以融化人们之间的陌生和隔阂。当然，这种微笑必须是真诚的、发自内心的。正如英国谚语所说："一副好的面孔就是一封介绍信。"微笑，将为你打开通向友谊之门，发展良好的人际关系，建立积极的心态。

（8）到处寻找最佳的新观念

有积极心态的人时刻在寻找最佳的新观念。这些新观念能增加积极心态者的成功潜力。正如法国作家维克多·雨果说的："没有任何东西的威力比得上一个适时的主意。"

有些人认为，只有天才才会有好主意。事实上，要找到好主意，靠的是态度，而不是能力。一个思想开放有创造性的人，哪里有好主意，就往哪里去。在寻找的过程中，他不轻易扔掉一个主意，直到他对这个主意可能产生的优缺点都彻底弄清楚为止。据说，世界最伟大的发明家之一托马斯·爱迪生的一些杰出的发明，是在思考一个失败的发明，想给这个失败的发明找一个额外用途的情况下诞生的。

虽然普通人不大可能因为一点小事而发动一场战争，但肯定能因为小事而使自己周围的人不愉快。要记住，一个人为多大的事情而发怒，他的心胸就有多大。少一些计较，放弃鸡毛蒜皮的小事，许多不愉快也就会烟消云散。

总之，积极的心态要靠培养，就像酒一样愈久愈香，而心态愈经培养和磨炼就会变得更坚强、更向上、更乐观。

的，而当失去它时，才又悔恨。

（6）学会称赞别人

莎士比亚曾经说过这样一句话："赞美是照在人心灵上的阳光。没有阳光，我们就不能生长。"心理学家威廉姆·杰尔士也说过这样一句话："人性最深切的需求就是渴望别人的欣赏。"在人与人的交往中，适当地赞美对方，会增强这种和谐、温暖和美好的感情，你存在的价值也就被肯定，你就会得到一种成就感。丘吉尔曾经说过这样一句话："你要别人具有怎样的优点，你就要怎样地去赞美他。"当然，这里指的是实事求是而不是夸张的赞美，真诚的而不是虚伪的赞美，会使对方的行为更增加一种规范。同时，为了不辜负别人的赞扬，他会在受到赞扬的这些方面全力以赴。赞美具有一种不可思议的推动力量，对他人的真诚赞美，就像荒漠中的甘泉一样让人心灵滋润。

因此生活和工作当中，以鼓励代替批评，以赞美来启迪人们内在的动力，自觉地克服缺点，弥补不足，这比你去责怪、去埋怨会有效得多。这样将会使人们都怀着一种积极的心态，创造出一种和谐的气氛，而有利于事业的成功和生活的幸福。由衷的赞美所带给对方的愉快及被肯定的心情，也使你分享了一分喜悦和生活的乐趣。

（7）学会微笑

微笑是上帝赐给人的专利，微笑是一种令人愉悦的表情。面对一个微笑着的人，你会感到他的自信、友好，同时这种自信和友好也会感染你，使你油然而生出自信和友好来，使你和对方亲近起来。微笑是一种含意深远的身体语言，微笑是在说："你好，朋友！我喜欢你，我愿意见到你，和你在一起我感到愉快。"微笑可以鼓励对方的信心，微笑可一欲望，他们就会对自己，也会对你抱积极的态度，一种你好我好大家好的局面就将形成。正如美国19世纪哲学家兼诗人拉尔夫·沃尔都·爱默生说的："人生最美丽的补偿之一，就是人们真诚地帮助别人之后，同时也帮助了自己。"

使别人感到自己重要的另一个好处，就是反过来会使你自己感到重要。在大多数情况下，你怎样对别人，别人就怎样对你，就像那个讲述两个不同的人迁移到同一小镇的故事一样。

第一个人到了市郊就在一个加油站停下来问一位职员："这个镇里的人怎么样？"

加油站职员反问："你从前住的那个镇的人怎么样？"第一个人回答："他们真是糟透了，很不友好。"

于是加油站职员说："我们这个镇的人也一样。"

就在此时，第二个驾车人驶进同一加油站，问职员同一个问题："这个镇的人怎么样？"

那个职员同样反问："你从前住的那个镇上的人怎么样？"

第二个人回答："他们好极了，真的十分友好。"

加油站的职员也回答："真是好极了，我们这个镇的人会对您十分友好。"

（5）对人对事心存感激

拿破仑·希尔认为，如果你常流泪，你就看不到星光。对人生对大自然的一切美好的东西，只有心存感激，人生才会显得美好许多。

有这么一句话："一个女孩因为她没有鞋子而哭泣，直到她看见了一个没有脚的人。"世间很多事情，常常是由于你没有珍视身边所拥有